高等学校统编教材

误差理论与测量数据处理原理及方法

主　编　曹元志

副主编　黄长军　周兴华

西南交通大学出版社

·成　都·

图书在版编目（CIP）数据

误差理论与测量数据处理原理及方法 / 曹元志主编
. —成都：西南交通大学出版社，2020.7（2021.11 重印）
ISBN 978-7-5643-7485-3

Ⅰ. ①误… Ⅱ. ①曹… Ⅲ. ①误差理论－高等学校－教材②测量平差－高等学校－教材 Ⅳ. ①O241.1 ②P207

中国版本图书馆 CIP 数据核字（2020）第 135670 号

Wucha Lilun yu Celiang Shuju Chuli Yuanli ji Fangfa

误差理论与测量数据处理原理及方法

主编　曹元志

责任编辑　孟秀芝
封面设计　何东琳设计工作室

出版发行　西南交通大学出版社
（四川省成都市金牛区二环路北一段 111 号
西南交通大学创新大厦 21 楼）
邮政编码　610031
发行部电话　028-87600564　028-87600533
网址　http://www.xnjdcbs.com
印刷　成都蜀通印务有限责任公司

成品尺寸　185 mm × 260 mm
印张　8.25
字数　187 千
版次　2020 年 7 月第 1 版
印次　2021 年 11 月第 2 次
定价　39.00 元
书号　ISBN 978-7-5643-7485-3

课件咨询电话：028-81435775
图书如有印装质量问题　本社负责退换

前言

误差理论与测量数据处理原理及方法是测绘工程及地理信息科学本科专业的一门专业基础课，它是测绘类数据处理的理论基础，也是测绘类硕士研究生的一门必修课程. 其研究对象是含有偶然误差的原始或经过简单处理后的观测数据. 其研究目的是利用条件平差、间接平差、附有参数的条件平差、附有限制条件的间接平差等平差方法，求出观测值的最或然值并对相关结果进行精度评定. 本书是编者根据湖南城市学院十多年来测量平差教学和测绘数据处理实践方面的经验，依据测绘工程和地理信息科学专业的教学要求，在误差理论与测量平差讲义的基础上，对课程教学内容进行调整和优化而成的.

全书内容共分十章，具体编写分工为：黄长军教授编写了第 1～3 章，主要介绍误差的基本定义、基本理论和协方差传播率及其应用；周兴华老师编写了第 4 章，主要介绍平差模型及最小二乘平差原理；曹元志老师编写了第 5 ~ 9 章，详细介绍经典测量平差四大模型（条件平差、附有参数的条件平差、间接平差、附有限制条件的间接平差）及附有限制条件的条件平差. 全书由曹元志老师负责统稿及编排工作.

由于编者水平有限，文中若有错误和不当之处，敬请读者批评指正.

编　者

2020 年 3 月

目 录

第 1 章

绪　论

在测量工作中，受测量过程中客观存在的各种因素影响，一切测量结果都不可避免地存在误差．例如，对一段距离进行重复观测时，各次观测的长度总是不完全相同．又如，一个平面三角形三内角之和理论上应等于 180°，实际上，如果对这三个内角进行观测，其三内角观测值之和一般不等于 180°，而会存在一定的差异．这种差异的产生，是由于观测值中含有观测误差．于是，研究观测误差的内在规律，对带有误差的观测数据进行数学处理并评定其精确程度等，就成为测量工作中需要解决的重要实际问题．

1.1　测量平差基本概念

观测误差产生的原因很多，概括起来主要有以下四个方面．

1．观测者

由于观测者在感觉器官上的鉴别能力有一定的局限性，所以在仪器的安置、照准、读数等方面都会产生误差．同时，观测者的工作态度、技术水平以及情绪的变化，也会对观测成果的质量产生影响．

2．测量仪器

测量是利用测量仪器进行的，由于测量仪器结构的不完善，测量的精密度有一定的限度，使观测值及测量结果产生误差，例如光学经纬仪，理论上要求横轴、视准轴和垂直轴三轴要正交，但实际上不可能严格正交；水准仪的视准轴不平行于水准轴；电磁波测距仪的零位误差、电路延迟；经纬仪、测距仪的度盘刻划误差等.

3. 外界环境

观测过程所处的客观环境，如温度、湿度、风力、风向、大气折光、电离层延迟等因素都会对观测结果产生影响；同时，随着这些因素的变化，如温度的高低、湿度的大小、风力的强弱及大气折光的不同，对观测结果的影响也发生变化. 在这种多样而变化的外界自然条件下进行观测，就必然使观测结果产生误差.

4. 观测对象

观测目标本身的结构、状态和清晰程度等，也会对观测结果直接产生影响，如三角测量中的观测目标觇标和圆筒由于风吹日晒而产生了偏差；GPS 导航定位中的卫星星历误差、卫星钟误差及设备延迟误差等，都会使测量结果产生误差.

上述的观测者、测量仪器、外界环境及观测对象四个方面的因素是使测量产生误差的主要来源，我们把这四个因素合称为测量条件.

显然，测量条件的好坏直接影响着观测成果的质量. 测量条件好，产生的观测误差就会小，观测成果的质量就会高；测量条件差，产生的观测误差就会大，观测成果的质量就会低；如果测量条件相同，观测误差的量级应该相同. 我们把测量条件相同的观测称为等精度观测，在相同测量条件下所获取的观测值称为等精度观测值；而测量条件不同的观测称为非等精度观测，相应的观测值称为非等精度观测值.

由于测量条件不尽完善，测量误差是客观存在的. 为了检验观测结果的精确性和提高观测结果的可靠性，实践中得出的有效方法是进行多余观测（也称过剩观测）. 事实上不难发现，当测量足够精细时，同一量的多次观测结果常会有一定的差异. 存在固有关系的几个量的观测结果，常会出现某种程度的不符，这就是测量误差存在的反映. 测量工作中正是根据这一现象，将反复观测、多方印证即进行多余观测的方法，作为揭示误差、发现错误、提高观测结果质量并进行精度评定的基本手段.

所谓多余观测，就是多于必要观测的观测. 如直接测定某一段距离的大小时，不是只观测一次，而是观测多次，这时，其中一次是必要观测，其他则为多余观测；又如，在测定一个平面三角形的三个内角时，不只是观测任意两角，由此推算第三角，而是三个角都观测，这时，有两个是必要观测，另一个是多余观测.

多余观测可以揭示测量误差，但多余观测又使观测结果产生了矛盾，如平面三角形三内角观测值之和不等于 180°，即闭合差不等于零. 为了消除矛盾，必须对观测结果进行平差，为此我们给出测量平差的基本概念. 在多余观测的基础上，依据一定的数学模型和某种平差原则，对观测结果进行合理的调整，从而求得一组没有矛盾的最可靠结果，并评定精度，这一过程称为平差. 测量平差所依据的原则为最小二乘原理.

设 L_1，L_2，…，L_n 表示 n 个独立的等精度观测结果，为消除矛盾而赋予观测结果

对应的改正数为 v_1，v_2，…，v_n，在 L_1，L_2，…，L_n 可信赖程度相同，即等精度情况下，最小二乘原理要求这些改正数的平方和为最小，即

$$\sum_{i=1}^{n} v_i^2 = \min \tag{1.1}$$

若令

$$\boldsymbol{V} = (v_1 \quad v_2 \quad \cdots \quad v_n)^{\mathrm{T}}$$

这里上标 T 指矩阵的转置，则式（1.1）又可表示为

$$\boldsymbol{V}^{\mathrm{T}}\boldsymbol{V} = \min$$

更为一般地，当观测值 L_1，L_2，…，L_n 的可信赖程度不同，即非等精度情况，而且顾及它们之间内在的关联时，最小二乘原理可表示为

$$\boldsymbol{V}^{\mathrm{T}}\boldsymbol{P}\boldsymbol{V} = \min \tag{1.2}$$

式中

$$\boldsymbol{P} = \begin{pmatrix} \frac{1}{p_1} & \frac{1}{p_{12}} & \cdots & \frac{1}{p_{1n}} \\ \frac{1}{p_{21}} & \frac{1}{p_2} & \cdots & \frac{1}{p_{2n}} \\ \vdots & \vdots & & \vdots \\ \frac{1}{p_{n1}} & \frac{1}{p_{n2}} & \cdots & \frac{1}{p_n} \end{pmatrix}^{-1} = \boldsymbol{Q}^{-1} \tag{1.3}$$

这里 $\boldsymbol{P}$ 称为观测结果的权阵，$\boldsymbol{Q} = \boldsymbol{P}^{-1}$ 称为对应的权逆阵. 权阵中的 p_i 是反映观测结果之间相对精确程度的数值，称为对应观测结果 L_i 的权；权阵中的 p_{ij} 与观测结果间相关联的状况有关，称为观测结果的相关权.

当式（1.3）中的 $\frac{1}{p_{ij}} = 0$ 时，即

$$\boldsymbol{P} = \begin{pmatrix} \frac{1}{p_1} & 0 & \cdots & 0 \\ 0 & \frac{1}{p_2} & \cdots & 0 \\ \vdots & \vdots & & \vdots \\ 0 & 0 & \cdots & \frac{1}{p_n} \end{pmatrix}^{-1} = \begin{pmatrix} p_1 & 0 & \cdots & 0 \\ 0 & p_2 & \cdots & 0 \\ \vdots & \vdots & & \vdots \\ 0 & 0 & \cdots & p_n \end{pmatrix} \tag{1.4}$$

则式（1.2）可写为

$$V^{\mathrm{T}}PV=\sum_{i=1}^{n}p_iv_i^2=\min$$

又若式（1.4）中的 p_i 都为 1，则权阵 $\boldsymbol{P}$ 为单位阵，即

$$\boldsymbol{P}=\begin{pmatrix}1 & 0 & \cdots & 0\\ 0 & 1 & \cdots & 0\\ \vdots & \vdots & & \vdots\\ 0 & 0 & \cdots & 1\end{pmatrix}=\boldsymbol{I}$$

这时式（1.2）则变为式（1.1）.

$\boldsymbol{P}$ 为单位阵或对角阵时，表明观测结果 L_1，L_2，…，L_n 之间是相互独立的.

依最小二乘原理，平差计算所得的观测值改正数，称为最或然改正数（有时简称为改正数），也称残差；经最小二乘原理平差计算求得的有关量的最可靠值，称为该量的最或然值，或者最似然值、最佳值，又称平差值.

不仅是通过观测直接或间接得到的数据要进行平差处理，有时对于一些已平差过的值也要进行再平差处理. 因此参加平差的数据不仅包括直接观测值，还包括间接观测值和在一定范围内已进行过平差的数据，今后无特别注明，概括地称它们为观测值.

1.2 测量误差分类

根据观测误差对测量结果的影响性质的不同，测量误差可分为粗差、系统误差、偶然误差三类.

1. 粗差

粗差主要是由失误引起的，一般以异常值或孤值的形式表现出来，如测错、读错、记录错、计算错、仪器故障等所引起的偏差. 经典测量中，一般采取变更仪器或操作程序、重复观测和检核验算、分析等方式，检出粗差并予以剔除. 因此，可以认为观测值中已基本没有粗差. 现代测量中，观测过程中的电子化、自动化程度日益提高，观测数据自动记录、自动传输和计算，粗差的检测和分析，已成为一个重要问题. 所以，在观测方案的设计和实施、观测中的检核以及观测后的分析处理中，采取有效措施进行粗差的探测和消除是非常重要的.

2. 系统误差

由测量条件中某些特定因素的系统性影响而产生的误差称为系统误差. 同等测量条件下的一系列观测中，系统误差的大小和符号常常固定不变，或呈系统性变化. 对于一定的测量条件和作业程序，系统误差在数值上服从一定的函数性规律.

测量条件中能引起系统误差的因素有许多. 如，在天文测量中，由于观测者的习惯，观测者误以目标偏于某一侧为恰好照准，使观测成果带有的系统误差，称为人差，由观测者的影响所致；又如，用带有一定误差的尺子量距，使观测结果带有的系统误差，属于仪器误差；再如，风向、风力、温度、湿度、大气折射、地球弯曲等外界因素，也都可能引起系统误差.

系统误差对观测结果的影响一般具有累积性，它对观测成果质量的影响也很显著. 所以在测量结果中，应尽量消除或减弱系统误差对观测成果的影响. 为达到这一目的，通常采取如下措施：

（1）找出系统误差出现的规律并设法求出它的数值，然后对观测结果进行改正. 例如，尺长改正、经纬仪测微器行差改正、折光差改正等.

（2）改进仪器结构并制订有效的观测方法和操作程序，使系统误差按数值接近、符号相反的规律交错出现，从而在观测结果的综合中实现较好的抵消. 例如，经纬仪按度盘的两个相对位置读数的装置、测角时纵转望远镜的操作方法、水准测量中前后视尽量等距的设站要求以及高精度水平角测量中日、夜的测回数各为一半的时间规定等.

（3）综合分析观测资料，发现系统误差，在平差计算中将其消除.

从测量结果中完全消除系统误差是不可能的，实际上只能尽量将它们的影响减至最低. 在具体测量工作中，对于系统误差所引起的问题如何处理，将在各有关专业课中予以讨论，经典平差中不多涉及这方面内容. 作为平差对象的观测数据，一般均被认为已经消除了系统误差.

3. 偶然误差

由测量条件中各种随机因素的偶然性影响而产生的误差称为偶然误差. 偶然误差的出现，就单个而言，无论数值还是符号都无规律性，而对于大量误差的总体，却存在一定的统计规律.

整个自然界都在永不停顿地运动着，即使看起来相同的测量条件，也时刻有不规则的变化，这种不断的偶然性变化，就是引起偶然误差的随机因素. 偶然误差是许多随机因素影响所致的小误差的代数和. 例如，用经纬仪测角时，测角误差主要由照准、读数等引起的误差所构成，而这里的每项误差又由许多随机因素所致. 如其中的照准误差，就可能是受到脚架或觇标晃动及扭转、风力风向变化、目标背景、大气折光与大气透明度等的影响，而这里的任何一种影响又都是产生于许多偶然因素. 可见，测角误差是许许多多微小误差的代数和，而每一项微小误差又随着偶然因素影响的变化而变化，其数值可大可小，符号或正或负. 因此，测量中数不清的受偶然因素影响而产生的小误差，它们的大小和正负，我们既不能控制也不能事先预知，当然由它们的代数和所构成的偶然误差的数值大小和符号正负也是偶然的.

在一切测量中，偶然误差是不可避免的. 经典最小二乘平差就是在认为观测值仅含有偶然误差的情况下，调整误差、消除矛盾，求出最或然值，并进行精度评定.

1.3 测量平差简史

18 世纪末，在天文学、大地测量学以及与观测自然现象有关的其他科学领域中，常常提出这样的问题，即如何消除由观测误差引起的观测值之间的矛盾，从多于待估量的观测值中求出待估量的最优值. 当时各国许多科学家都开始研究这一课题.

1794 年，年仅 17 岁的高斯（C. F. Gauss）首先提出了解决这个问题的方法——最小二乘法（Least Square）. 他以算术平均值为待求量的最或然值，假设观测误差服从正态分布从而导出了最小二乘原理. 1801 年，天文学家对刚发现的谷神星运行轨道的一段弧长进行了一系列观测，后来因故中止了观测. 对此，需要根据这些极其有限且带有误差的观测结果求出该星运行的实际轨道，高斯用自己提出的最小二乘法解决了当时这个难题，对谷神星运行轨道进行了预报，天文学家才及时找到了这颗彗星. 但高斯并没有及时行文发表他所提出的最小二乘法. 直到 1809 年，高斯才在《天体运动的理论》一文中，从概率的观点详细叙述了他所提出的最小二乘原理. 而在此之前，1806 年，勒戎德尔（A. M. Legendre）发表了《决定彗星轨道新方法》一文，从代数的观点独立地提出了最小二乘法，并定名为最小二乘法. 所以，后人称它为高斯-勒戎德尔方法.

自高斯 1794 年提出最小二乘原理到 20 世纪五六十年代的一百多年来，许多学者对测量平差的理论和方法进行了大量的研究，提出了一系列解决各类测量问题的平差方法. 这些平差方法大都是基于观测值随机独立的高斯最小二乘原则，所以一般被称为经典最小二乘平差. 这一时期，由于计算工具的限制，测量平差的主要研究方向是如何求解线性方程组. 许多分组解算线性方程组的方法的提出，如克吕格分组平差、赫尔默特分区平差等，都是为了使解算方程组变得简单.

自 20 世纪六七十年代开始，测量工程的精密化和现代化，特别是电子计算机、矩阵代数、泛函分析、最优化理论和概率统计在测量平差中的广泛应用，对测量平差的理论和实际产生了深刻影响，测量平差得到了很大发展，出现了许多新的平差理论和方法.

1. 相关平差

1947 年，田斯特拉（T. M. Tienstra）提出相关观测值的平差理论，将经典平差中对观测值随机独立的要求推广到随机相关的观测值. 随着相关平差的出现，观测值的概念广义化了，不仅随机独立的直接观测值可以作为平差元素，而且它的导出量，如随机独立直接观测值的函数或任何一种初步平差的结果都可作为平差元素. 相关平差对测量平差的理论研究有重大的促进作用，并将经典的最小二乘平差推向了更广泛的应用领域.

2. 最小二乘滤波、推估和配置

高斯的最小二乘法所选平差参数假设是非随机变量. 随着测量技术的进步，需要解决观测量和平差参数均为随机变量的平差问题. 20 世纪 60 年代，产生了顾及随机参数的最小二乘平差方法——最小二乘滤波、推估和配置，它起源于最小二乘内插和外推重力异常的平差问题，由克拉鲁普（T. Krarup）于1969年提出. 克拉鲁普把推估重力异常的方法推广到利用重力异常场中不同类型的数据，如重力异常、垂线偏差等，去估计重力异常场中的任一元素，如扰动位、大地水准面差距等，从而提出了最小二乘滤波、推估和配置，也称拟合推估法. 莫里兹（H. Moritz）对比进行了系统研究，提出了带系统参数的最小二乘配置，并概述了这种方法在大地测量其他方面的应用. 1972年，克劳斯（H. Krauss）将这一方法引入到航空摄影测量中.

3. 秩亏自由网平差

高斯的最小二乘平差法是一种满秩平差问题，即间接平差的函数模型的系数阵是列满秩阵，权矩阵和权逆阵（协方差阵）也是满秩方阵，方程有唯一解. 1962年，迈塞尔（P. Meissl）从测量平差观点，将高斯最小二乘平差模型中列满秩的系数阵推广到奇异阵，提出了解决非满秩平差问题的秩亏自由网平差方法. 1964年，高德曼（A. J. Goldmen）和蔡勒（M. Zelen）将满秩权逆阵扩展到奇异阵，提出具有奇异权逆阵的最小二乘平差方法. 1971年，劳（C. R. Rao）综合了各种可能情况，得出了广义高斯-马尔可夫平差模型，并把广义高斯-马尔可夫模型的参数估计称为最小二乘统一理论. 现经众多学者的深入研究，已形成一整套秩亏自由网平差的理论体系和多种解法，并广泛应用于测量实践.

4. 方差-协方差分量估计

关于经典平差，人们一直致力于平差函数模型的研究工作. 随着新技术的不断发展和应用，测量平差的对象已从过去单一同类观测量扩展为不同类、多种、不同精度的观测量. 因此，经典平差中的定权理论和方法必须革新，许多学者致力于将经典的先验定权方法改进为后验定权方法的研究工作，提出了多种方差-协方差分量的验后估计法. 到20世纪80年代，方差-协方差分量估计理论已经形成并得到广泛应用. 方差-协方差分量的验后估计主要有三种：Helmert型方差-协方差分量估计法、方差分量的最小范数二次无偏估计法（Minimum Norm Quadratic Unbiased Estimator），简称MINQUE法和方差分量的极大似然估计法.

5. 系统误差和粗差的处理方法

观测误差按性质不同可分为粗差、系统误差和偶然误差三种. 经典最小二乘平差仅讨论含有偶然误差的观测值. 实际上，在平差前完全剔除粗差和消除系统误差的影响是不可能的. 随着测量精度的不断提高，对平差结果的精度要求也越来越高，出现了通过平差剔除粗差和消除系统误差影响的平差方法.

6. 有偏估计的相关知识

当观测值严格服从正态分布，平差模型方程中的系数阵满秩且无病态的情况下，参数的最小二乘估计在所有无偏估计类中方差最小. 但是，在实际测量中，有时因参数很多，参数间难免存在近似的线性关系，或因图形结构较差，导致观测方程系数阵的列向量呈近似的线性相关. 例如，在 GPS 定位中，相位观测值误差方程中，点位参数的系数阵之间呈近似的线性相关，这种近似线性关系通常称为复共线关系，我们称这样的设计阵为病态矩阵. 当设计阵呈病态时，法方程系数阵接近奇异，这时虽然最小二乘估计的方差在线性无偏估计类中最小，但其值很大，使得最小二乘估计的精度比较差，表现出相当的不稳定，参数求解过程对观测误差相当敏感. 于是 20 世纪 70 年代，许多学者致力于改进最小二乘估计，提出了许多新的估计，其中很重要的一类估计就是有偏估计，如岭估计、广义岭估计、主成分估计和 Stein 压缩估计等.

总之，自 20 世纪 70 年代以来，随着现代测量新技术的应用，如 GPS、GIS 和 RS 在测绘中的应用，测量平差理论和方法得到了飞速发展，出现了许多新的测量数据处理理论和方法，也推动了测量平差理论的发展.

1.4 本书的主要内容

由测量平差的基本概念可知，测量平差的主要任务有两个：一是依据最小二乘原理求出待定量的最可靠值；二是评定观测结果和平差结果的精度. 本课程“误差理论与测量数据处理原理方法”的主要任务是系统介绍最小二乘法与测量平差的基本理论和基本方法，为以后的专业课学习以及进一步学习和研究测量平差打下坚实基础. 其主要内容为：

（1）偶然误差理论. 包括偶然误差的概率特性、精度指标、中误差和权的定义、方差阵及权逆阵的传播规律等.

（2）测量平差函数模型和随机模型的概念及建立，参数估计概念及最小二乘原理.

（3）测量平差基本方法. 介绍条件平差方法、附有参数的条件平差方法，间接平差方法、附有限制条件的间接平差方法等.

（4）误差椭圆的相关知识.

（5）测量数据的统计假设检验方法.

最后，简要介绍一些现代测量平差理论和方法，以便与以后的测量平差课程相连接，为进一步学习与研究这种理论和方法打下基础.

第 2 章

测量误差的基本知识

在测量过程中，误差的存在具有必然性与普遍性的特点，它严重影响测量数据的质量. 如何在测绘过程发现和削弱误差的影响是提高测绘成果质量的关键. 本章主要介绍偶然误差的基本特性、权与协因数的关系、精度、准确度与精确度等三大部分内容，并研究测量结果的精度评定指标.

2.1 偶然误差的规律

测量平差的研究对象是含有偶然误差的观测值，为此，有必要对偶然误差的性质做进一步的分析研究. 就单个偶然误差而言，其数值的大小和符号均是偶然的、随机的、无规律的；但就其总体而言，其数值的大小和符号又呈现出一定的统计规律性. 人们从无数的测量实践中发现，在相同的观测条件下，大量偶然误差的分布确实表现出一定的统计规律性. 下面以实例来说明这种规律性.

2.1.1 三角形闭合差的例子

在相同的观测条件下，独立地观测了 182 个三角形的全部内角. 由于观测值含有偶然误差，因此每一个三角形的三内角之和，一般不等于其真值 180°，有

$$\Delta_i = 180° - (\beta_1 + \beta_2 + \beta_3) \quad (i = 1, 2, \cdots, 182)$$

可计算出 182 个三角形内角和的真误差.

现将这一组真误差按其正负号和数值的大小排列，并取误差的间隔 dΔ 为 0.20″，统计误差出现在各区间的个数 v_i 并计算误差出现在各个区间的频率. 频率的计算公式为

$$f_i = v_i / n$$

式中：n 为误差的总个数；v_i 为出现在第 i 个区间的误差个数. 现将计算结果列于表 2.1 中.

表 2.1　三角形内角和的误差统计

误差区间 dΔ	Δ为负值		Δ为正值	
	个数	频率	个数	频率
0 ~ 0.2	22	0.121	22	0.121
0.2 ~ 0.4	20	0.110	20	0.110
0.4 ~ 0.6	16	0.008	14	0.077
0.6 ~ 0.8	11	0.060	12	0.066
0.8 ~ 1.0	10	0.055	9	0.049
1.0 ~ 1.2	6	0.033	7	0.038
1.2 ~ 1.4	2	0.011	4	0.022
1.4 ~ 1.6	2	0.011	3	0.016
1.6 ~ 1.8	1	0.006	1	0.006
1.8 以上	0	0	0	0
$\sum$	90	0.495	92	0.505

从表 2.1 可以看出，误差的分布表现出如下的统计规律：绝对值最大的误差不超过某一限值（1.8″）；绝对值小的误差比绝对值大的误差出现的个数多；绝对值相等的正、负误差出现的个数大致相等.

大量的测量实践证明，在其他测量结果中，也都显示出与上述相同的统计规律. 因此，上述误差分布规律实际上就是偶然误差普遍具有的统计规律性.

误差分布规律，除了采用上述误差分布表的形式表达外，还可以用直方图来表达. 现以表 2.1 中的数据绘制直方图（如图 2.1 所示），绘制时，横坐标取误差 Δ，纵坐标取误差出现于各区间的频率 f_i 除以区间的间隔值 dΔ，即

$$y_i = f_i / \mathrm{d}\Delta$$

在数理统计学中，常把这样的图称为直方图，它形象地表示了该组误差的分布情况. 图中每个长方条的面积为

$$y_i \times \mathrm{d}\Delta = \frac{f_i}{\mathrm{d}\Delta} \times \mathrm{d}\Delta = f_i$$

即误差在该区间内的频率. 所以，在直方图中，所有长方条的面积总和为 1.

当误差个数 $n \to \infty$，误差区间的间隔 dΔ 无限缩小时，图 2.1 各个长方条的顶边折

线变成一条光滑的曲线，该曲线称为误差的概率分布曲线，简称误差曲线. 而曲线所包含的面积恒为 1. 如图 2.2 所示，误差曲线上任一点的纵坐标 y 是横坐标 Δ 的函数，即

$$y = f(\Delta)$$

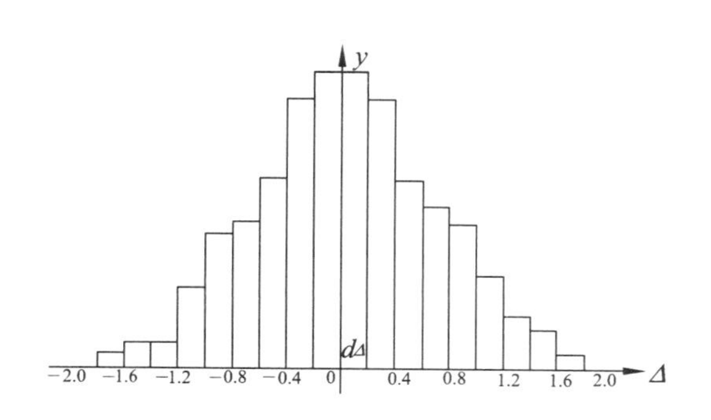

图 2.1　三角形内角和误差分布直方图

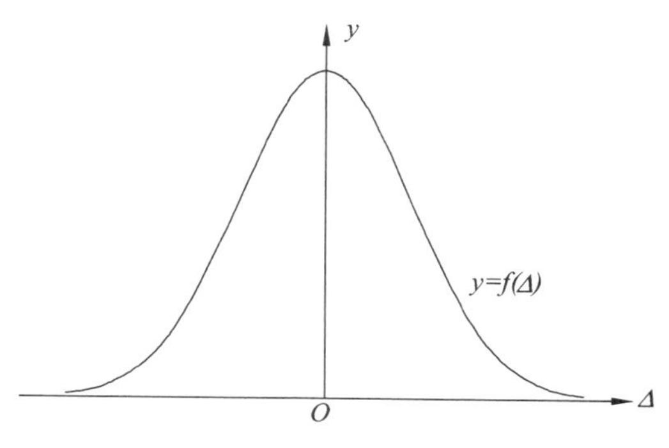

图 2.2　三角形内角和误差曲线

$f(\Delta)$ 通常称为误差 Δ 的分布密度函数. 由概率统计定律可知，误差 Δ 落在 $\mathrm{d}\Delta$ 区间内的概率为

$$P(\Delta) = f(\Delta)\mathrm{d}\Delta$$

即当 n 逐渐增大时，实际频率 f_i 逐渐趋于理论频率 P_i.

一般情况下，观测误差是由多种因素引起的误差的总和，按统计学的大数定理，这种误差总体上服从或近似服从正态分布，因而在测量中经常把偶然误差看作服从正态分布的误差，称为正态误差或高斯误差，其分布密度函数为

$$f(\Delta) = \frac{1}{\sqrt{2\pi}\sigma}\exp\left(-\frac{\Delta^2}{2\sigma^2}\right)$$

2.1.2　偶然误差的统计特性

偶然误差的统计特性可以用概率的术语来描述：

（1）在一定的观测条件下，偶然误差绝对值不大于某个值 Δ_M 是统计必然事件，其概率接近于 1，即

$$P(|\Delta_i| \leqslant \Delta_M) = \int_{-\Delta_M}^{+\Delta_M} f(\Delta)\mathrm{d}\Delta \approx 1$$

亦可说，偶然误差绝对值有一定限值，超出一定限值 Δ_M 的误差概率近似为 0，即

$$P(|\Delta_i > \Delta_M|) \approx 0$$

（2）绝对值小的误差比绝对值大的误差出现的概率大，即 $|\Delta_1| < |\Delta_2|$，则有

$$f(|\Delta_1|)\mathrm{d}\Delta > f(|\Delta_2|)\mathrm{d}\Delta$$

（3）绝对值相等的正误差与负误差出现的概率相等，即

$$f(+\Delta)\mathrm{d}\Delta = f(-\Delta)\mathrm{d}\Delta$$

这里指出，测量误差是连续型随机变量，而连续型随机变量出现在个别点上的概率等于零. 因此我们所讲的误差出现概率，是指误差出现在某一定区间的概率.

（4）由偶然误差分布的对称性可知，偶然误差的数学期望为零，换句话说，偶然误差数学期望的理论平均值应为零，即 $E(\Delta)=0$，由偶然误差性质得 $E(\Delta)=\tilde{L}-E(L)=0$，故

$$E(L)=\tilde{L}$$

对于一系列的观测而言，只要这些观测是在相同的观测条件下独立进行的，不管其观测条件是好是差，也不管其观测量是相同的还是不同的，该观测所产生的一组偶然误差必然都具有上述四个特性.

由 $E(\Delta)=0$，可以得出一个重要启示：在实际观测工作中，若发现 $\sum\Delta_i/n\neq 0$，且其绝对值与零相差较大，这表明观测误差 Δ_i 中不全是偶然误差，可能存在着系统误差或粗差.

2.2 衡量精度的指标

2.2.1 观测条件与观测精度

由 2.1 节的内容可知，观测仪器、观测者、外界条件三方面的因素是引起误差的主要来源，而所谓的观测条件就是这三方面因素的统称. 观测条件的好坏与观测成果的质量有密切的关系. 由于一定的观测条件对应一定的观测精度，对于在相同观测条件下进行的一组观测，每一观测值的精度都相等，称为等精度观测值. 但需指出，由于偶然误差的随机性，等精度观测值的观测真误差彼此并不相等，甚至有时会相差较大. 在一定的观测条件下进行的一组观测，它总是对应着一种确定不变的误差分布. 若观测条件好，则小误差出现的机会多，其对应的误差分布较为密集，观测成果的质量较好，即这一组的观测精度较高. 反之，如果观测条件差些，则误差分布较为离散，观测值的波动较大，观测成果的质量较差，即该组的观测精度较低.

所谓观测精度，指该组误差分布的密集或离散的程度，也即误差分布的离散度的大小. 在实际观测中，假如两组观测成果的误差分布相同，我们便认为两组观测成果的精度相同；反之，若误差分布不同，则精度也就不同.

2.2.2 常用的衡量精度的指标

衡量观测值的精度高低，虽然可以按上面所述的方法，即将一组在相同观测条件下得到的误差，用直方图或误差分布曲线来进行比较，但在实际工作中，这样做是比较麻烦的，甚至有时是很困难的. 为此，最好用一个数字来表征精度，这种数字应能反映误差分布的密集或离散的程度，即应能反映其离散度的大小. 这就是我们要研究的衡量精度的指标. 衡量精度的指标有多种，下面介绍几种常用的衡量精度的指标.

1. 中误差

中误差定义为

$$m^2=\lim_{n\to\infty}\frac{[\Delta\Delta]}{n}$$

式中：m 称为观测值中误差. 如果观测误差不但包含偶然误差，还含有系统误差，则中误差可表示为

$$\begin{aligned}m^2&=\lim_{n\to\infty}\frac{[(\Delta_n+\Delta_s)(\Delta_n+\Delta_s)]}{n}=\lim_{n\to\infty}\frac{[\Delta_n\Delta_n]}{n}+\lim_{n\to\infty}\frac{[2\Delta_s\Delta_n]}{n}+\lim_{n\to\infty}\frac{[\Delta_s\Delta_s]}{n}\\&=m_n^2+m_s^2\end{aligned}$$

其中，m_n，m_s 分别表示偶然中误差和系统中误差. 如果观测误差包含偶然误差和系统误差，其中的误差平方就是偶然中误差和系统中误差的平方和.

可以看出，中误差是真误差平均大小的一个反映. 中误差越小，表示真误差平均越小，观测质量越好，精度越高；中误差越大，表示真误差平均越大，观测质量越差，精度越低. 因此，中误差是测量中最常用的衡量观测值精度的指标.

2. 方　差

观测值 L 和观测误差 Δ 均为随机变量，因此其方差应为 $D_L=\sigma_L^2=E[(L-E(L))^2]$，当观测误差只包含偶然误差时，顾及 $E(\Delta)=0$，$E(L)=\tilde{L}$，则 $D_L=D_\Delta=E(\Delta^2)$. 可见，任一观测值的方差与观测值真误差的方差是相同的. 由相关公式可知，真误差 Δ 的概率密度函数为

$$f(\Delta)=\frac{1}{\sqrt{2\pi}\sigma}\exp\left(-\frac{\Delta^2}{2\sigma^2}\right)$$

所以

$$\begin{aligned}D_L=D_\Delta=E(\Delta^2)&=\int_{-\infty}^{\infty}\Delta^2 f(\Delta)\mathrm{d}\Delta\\&=\frac{1}{\sqrt{2\pi}}\int_{-\infty}^{\infty}\Delta^2\exp\left(\frac{\Delta^2}{-2\sigma^2}\right)\mathrm{d}\Delta=\sigma^2\end{aligned}$$

这表明，误差分布密度函数 $f(\Delta)$ 中的参数 σ^2 就是真误差 Δ 的方差 $D(\Delta)$．由数学期望的定义，方差可表示为

$$\sigma^2 = D(\Delta) = E(\Delta^2) = \lim_{n\to\infty}\frac{[\Delta\Delta]}{n}$$

即当观测误差为偶然误差时，观测方差等于中误差的平方．但当观测误差含有系统误差时，观测方差就不等于中误差的平方．方差 σ^2 的平方根 σ 可表示为

$$\sigma = \sqrt{\lim_{n\to\infty}\frac{[\Delta\Delta]}{n}}$$

在此需要说明的是，在数理统计学中，一般称 σ 为标准差；而在测量工作中，称之为中误差．不同的 σ 对应着不同形状的分布曲线，σ 越小，曲线越陡峭，σ 越大，则曲线就越平缓．σ 的几何意义是偶然误差分布曲线拐点的横坐标．用方差 σ^2 作为观测值 L 的精度指标，这主要是因为方差能反映观测值的离散程度．观测条件越好，观测值的取值越密集，$L-E(L)$ 就越小，方差也越小．反之，观测条件越差，观测值的取值就越离散，$L-E(L)$ 越大，则方差越大．从上面分析可以看出，方差的大小能很好地反映观测值的离散度，而中误差在数值上等于方差的算术平方根，故中误差的大小也可反映出观测值的离散度，因此在数据处理中可以将方差和中误差作为衡量观测精度的标准．方差（或中误差）越大，精度越低；方差(或中误差)越小，精度越高．应指出的是，在一定的观测条件下，Δ 具有确定不变的分布，故方差 σ^2 或中误差 σ 均为定值．但在实际工作中，观测个数 n 总是有限的，因此依相关公式求得的方差和中误差的估值，记为 $\hat{\sigma}^2$ 和 $\hat{\sigma}$，其估值公式为

$$\hat{\sigma}^2 = \frac{[\Delta\Delta]}{n}, \quad \hat{\sigma} = \sqrt{\frac{[\Delta\Delta]}{n}}$$

估值 $\hat{\sigma}^2$ 和 $\hat{\sigma}$ 将随着 n 的多少以及实验中取值的随机性而波动，所以是随机量．但当 n 逐渐增大时，估值 $\hat{\sigma}^2$ 和 $\hat{\sigma}$ 将越来越接近于其理论值 σ^2 和 σ．

3．平均误差

衡量精度还可以平均误差作为标准．平均误差的定义为：在一定的观测条件下，一组独立的偶然误差绝对值的数学期望，称为平均误差，并以 θ 表示，即

$$\theta = E(|\Delta|) = \int_{-\infty}^{+\infty}|\Delta|\, f(\Delta)\mathrm{d}\Delta \quad \text{或} \quad \theta = \lim_{n\to\infty}\frac{[|\Delta|]}{n}$$

因为

$$\theta = \int_{-\infty}^{+\infty}|\Delta|\, f(\Delta)\mathrm{d}\Delta = 2\int_{0}^{\infty}\Delta\frac{1}{\sqrt{2\pi}\sigma}\exp\left(-\frac{\Delta^2}{2\sigma^2}\right)\mathrm{d}\Delta = \sigma\sqrt{\frac{2}{\pi}},$$

所以

$$\theta=\sqrt{\frac{2}{\pi}}\sigma\approx 0.798\sigma\approx\frac{4}{5}\sigma\text{，}\quad \sigma=\sqrt{\frac{\pi}{2}}\theta\approx 1.253\theta\approx\frac{5}{4}\theta\text{.}$$

上式反映了平均误差θ和中误差σ之间的理论关系. 由上式可以看出，不同大小的θ对应着不同的σ，也就对应着不同的误差分布. 因此，可以用平均误差θ作为衡量精度的标准之一. 当观测个数n有限时，平均误差的估值计算公式为

$$\hat{\theta}=\frac{[|\Delta|]}{n}$$

当中误差的估值$\hat{\sigma}$为已知时，也可用下式计算$\hat{\theta}$，即

$$\hat{\theta}=0.798\hat{\sigma}$$

4. 或然误差

或然误差也是衡量精度的一种指标. 或然误差的定义为：观测误差落入区间$(-\rho,+\rho)$的概率恰好等于 1/2，则ρ称为或然误差，即

$$P(-\rho<\Delta<+\rho)=\int_{-\rho}^{+\rho}f(\Delta)\mathrm{d}\Delta=\frac{1}{2}$$

同样，将Δ的概率密度函数$f(\Delta)$代入上式，并做变换，令$t=\Delta/\sigma$，则$\Delta=\sigma t$，$\mathrm{d}\Delta=\sigma\mathrm{d}t$，所以

$$\int_{-\rho}^{+\rho}f(\Delta)\mathrm{d}\Delta=2\int_{0}^{\rho/\sigma}\frac{1}{\sqrt{2\pi}}\exp\left(-\frac{t^2}{2}\right)\mathrm{d}t=\frac{1}{2}$$

查概率积分表，可得当概率为 1/2 时，积分限为 0.674 5，故

$$\rho\approx 0.674\,5\sigma\approx\frac{2}{3}\sigma\text{，}\quad\sigma\approx 1.482\,6\rho\approx\frac{3}{2}\rho$$

上式反映了或然误差与中误差之间的理论关系. 由此也可以看出，不同的ρ对应着不同的误差分布曲线，因此或然误差ρ也可作为衡量精度的指标. 实际上，因观测个数n是有限的，可将相同观测条件下得到的一组误差，按其绝对值大小排列，取其位于中间的一个误差（n为奇数）或中间两个误差的平均值（n为偶数）作为或然误差的估值$\hat{\rho}$.

当中误差的估值$\hat{\sigma}$为已知时，也可用下式计算$\hat{\rho}$，此时求出的$\hat{\rho}$仅表示观测次数无穷多时的或然误差的值，即

$$\hat{\rho}\approx 0.674\,5\hat{\sigma}$$

【例 1】 为了比较两架经纬仪的观测精度，对同一角度分别进行 30 次观测，其观测结果列于表 2.2 中. 该角已预先用精密经纬仪测定，其值为 76°42′28.0″. 由于此值的

精度远高于上述两架经纬仪的观测精度，故将它看成该角的真值. 试计算这两架经纬仪的方差、平均误差和或然误差.

解 根据表 2.2 的数据（表中的观测值 L 只给出了秒的观测值），可以算得

对于第一架经纬仪：$\sum|\Delta| = 43.9$，$\sum|\Delta|^2 = 74.65$；

对于第二架经纬仪：$\sum|\Delta| = 24.4$，$\sum|\Delta|^2 = 25.86$.

所以

$$\hat{\sigma}_1^2 = \frac{74.65}{30} = 2.49(''^2)，\quad \hat{\sigma}_1 = \pm\sqrt{\hat{\sigma}_1^2} = \pm 1.58''$$

$$\hat{\sigma}_2^2 = \frac{25.86}{30} = 0.86(''^2)，\quad \hat{\sigma}_2 = \pm\sqrt{\hat{\sigma}_2^2} = \pm 0.93''$$

$$\hat{\theta}_1 = \frac{43.9}{30} = 1.46''，\quad \hat{\theta}_2 = \frac{24.4}{30} = 0.81''，\quad \hat{\rho}_1 = 1.3''，\quad \hat{\rho}_2 = 0.8''$$

上列 $\hat{\rho}$ 值是按其定义求出的. 计算时，对精度指标值，通常取 2 ~ 3 个有效数字. 从计算结果可见，第二架经纬仪的测角精度高于第一架经纬仪的测角精度.

表 2.2　两架经纬仪的观测值与观测误差

编号	第一架经纬仪			第二架经纬仪			编号	第一架经纬仪			第二架经纬仪		
	L	Δ	Δ^2	L	Δ	Δ^2		L	Δ	Δ^2	L	Δ	Δ^2
1	17.2	−0.8	0.64	19.5	+1.5	2.25	16	16.7	−1.3	1.69	17.7	−0.3	0.09
2	19.5	+1.5	2.25	19.0	+1.0	1.00	17	16.0	−2.0	4.00	18.6	+0.6	0.36
3	19.2	+1.2	1.44	18.8	+0.8	0.64	18	15.5	−2.5	6.25	18.8	+0.8	0.64
4	16.5	−1.5	2.25	16.9	−1.1	1.21	19	19.1	+1.1	1.21	17.7	−0.3	0.09
5	19.6	+1.6	2.56	18.6	+0.6	0.36	20	18.8	+0.8	0.64	17.1	−0.9	0.81
6	16.4	−1.6	2.56	19.1	1.1	1.21	21	18.7	+0.7	0.49	16.9	−1.1	1.21
7	15.5	−2.5	6.25	18.2	+0.2	0.04	22	19.2	+1.2	1.44	17.6	−0.4	0.16
8	19.9	+1.9	3.61	17.7	−0.3	0.09	23	17.5	−0.5	0.25	17.0	−1.0	1.00
9	19.2	+1.2	1.44	17.5	−0.5	0.25	24	16.7	−1.3	1.69	17.5	−0.5	0.25
10	16.8	−1.2	1.44	18.6	+0.6	0.36	25	19.0	+1.0	1.00	18.2	+0.2	0.04
11	15.0	−3.0	9.00	16.0	−2.0	4.00	26	16.8	−1.2	1.44	18.3	+0.3	0.09
12	16.9	−1.1	1.21	17.3	−0.7	0.49	27	19.3	+1.3	1.69	19.8	+1.8	3.24
13	16.6	−1.4	1.96	17.2	−0.8	0.64	28	20.0	+2.0	4.00	18.6	+0.6	0.36
14	20.4	+2.4	5.76	16.8	−1.2	1.44	29	17.4	−0.6	0.36	16.9	−1.1	1.21
15	16.3	−1.7	2.89	18.8	+0.8	0.64	30	16.2	−1.8	3.24	16.7	−1.3	1.69

5. 极限误差

偶然误差第一特性指出，在一定的观测条件下，误差的绝对值不会超过一限值. 测量实际工作中应用这一限值作为测量误差的极限值. 如果测量误差超过该极限值，可能是由于测量条件变化，亦可能是观测中出现了粗差. 为此，须予以返工重测或

舍去不用．我国各类测量规范都明确规定了不同等级的测量极限误差值，以供作业中遵照执行．

在测量中，规定极限误差的依据是，小概率事件在一次测量中可以认为是不可能事件．偶然误差是服从正态分布的，即 $\Delta \sim N(0,\ \sigma^2)$．为了查表需要，将 Δ 标准化，设 $\Delta' = \Delta / \sigma$，则 Δ' 服从标准正态分布，即 $\Delta' \sim N(0,1)$，可知 Δ' 落在区间（－1，＋1）、（－2，＋2）、（－3，＋3）内的概率分别为

$$P(-1 < \Delta' < +1) = P(-\sigma < \Delta < +\sigma) = \Phi(+1) - \Phi(-1) = 0.683$$
$$P(-2 < \Delta' < +2) = P(-2\sigma < \Delta < +2\sigma) = \Phi(+2) - \Phi(-2) = 0.955$$
$$P(-3 < \Delta' < +3) = P(-3\sigma < \Delta < +3\sigma) = \Phi(+3) - \Phi(-3) = 0.997$$

可见，大于三倍中误差的观测误差的出现概率只有 0.3%，是小概率事件，在一次测量中可以认为小概率事件是不可能事件．因此，通常将三倍中误差作为极限误差，即 $\Delta_{限} = 3\sigma$，某些情况下，也有将两倍中误差作为极限误差，即 $\Delta_{限} = 2\sigma$．

上式最右端的概率，称为置信概率，这个概率表达式表示在一定的置信概率下中误差和真误差的关系式．在实际观测中，任何平差结果或观测值的真误差是未知的，但上式给出了由中误差估计其真误差的概率区间，例如置信概率为 99.7% 时，真误差 Δ 在区间 $(-3\sigma, 3\sigma)$ 内．在实际工程中，我们也通常要计算某量的中误差，用来对其真误差在一定置信概率下做出区间估计，这是保证工程质量的一个重要定量信息．因此，可以看出，中误差既可以表示误差分布的离散程度，又可以用来对其真误差做出区间估计，这是精度指标中误差完整的统计意义．

6. 相对误差

前面讲的真误差、中误差、极限误差等指标均属于绝对误差，对于某些观测结果，有时还不能完全用绝对误差表达出结果的好坏．例如，分别丈量 1 000 m 和 100 m 两段距离，设丈量中的中误差均为 2 cm，两者的中误差虽然相同，但就单位长度而言，它们的精度是不相同的．显然，前者要比后者的精度高．因此，需采用另一种指标来衡量，即用相对误差来表征边长的观测精度．相对中误差定义为中误差与观测值之比．相对中误差是一无名数，为方便计算，通常将分子化为 1，如

$$\frac{\sigma_L}{L} = \frac{1}{N}$$

式中：L 为观测值；σ_L 为观测中误差(标准差).

同样，观测真误差、极限误差也分别对应有相对真误差和相对极限误差，如 Δ_L / L 和 $\Delta_{L限} / L$．例如，经纬仪导线测量中，规定量距的相对闭合差不能超过 1/2 000，这就是规范要求的极限误差．

【例 2】 现有两段边长，其观测值分别为 $s_1 = 400$ m 和 $s_2 = 300$ m，中误差分别为 $m_1 = 4$ cm 和 $m_2 = 2$ cm．试求两段边长的观测值的相对误差．

解 按相对误差的定义，计算得

$$m_1 / s_1 = 4/40\ 000 = 1/10\ 000,$$

$$m_2 / s_2 = 2/30\ 000 = 1/15\ 000$$

可见，第二条边长的观测精度高于第一条边长的观测精度.

2.2.3 权与协因数

1. 权

前面我们介绍了方差（中误差）、或然误差、极限误差等作为衡量精度的指标，这些指标在衡量观测值精度时是一种绝对指标，而在实际测量平差中，仅用绝对指标来衡量精度往往是不够的. 例如有一组观测值是等精度的，在平差时应该将它们同等对待；而对于一组不等精度的观测值，在平差时就不能同等处理. 精度高的观测值在平差结果中应占较大的比重，反之，精度低的观测值应占的比重小. 因此，在实际数据处理过程中，为便于平差计算，我们需要在方差的基础上再引入一个新的衡量精度的指标，来相对地衡量不同精度观测量的精度，这个新的精度指标就是“权”. 权是表征观测值之间的相对精度指标.

权与方差成反比，通常用 P 表示，权的定义为

$$P = c / \sigma^2$$

由定义可以看出，方差愈小，权愈大、精度愈高；反之，方差愈大，权愈小、精度愈低.

由于比例常数 c 的任意性，虽某个量的方差唯一，但权随 c 值的变化而变化，故权不唯一. 但对于研究同一问题，以权表征精度时，为使权有相对比较的意义，c 应取一定值. 如有观测值：$L_1, L_2, \cdots, L_n$，其方差为 $\sigma_1^2, \sigma_2^2, \cdots, \sigma_n^2$，则对应的权可写为

$$P_1 = \frac{c}{\sigma_1^2}, P_2 = \frac{c}{\sigma_2^2}, \cdots, P_n = \frac{c}{\sigma_n^2}$$

根据上式，可求出任意两个观测值之间的权比关系式，即

$$\frac{P_i}{P_j} = \frac{\sigma_j^2}{\sigma_i^2}$$

为进一步阐述 c 的含义，令 $c = \sigma_0^2$，则有

$$\frac{P_i}{1} = \frac{c}{\sigma_i^2} = \frac{\sigma_0^2}{\sigma_i^2},$$

可见，c 是单位权（权为 1）观测值的方差，记为 σ_0^2，我们称 σ_0^2 为单位权方差或方差因子，称 σ_0 为单位权中误差. 即凡是方差等于 σ_0^2 的观测值，其权必等于 1. 反之，权为 1 的观测值，则称为单位权观测值.

在实际的平差问题中，观测值的方差在平差前往往是无法确定的，为了权衡并确定各个观测值在平差中所占的比重，可首先确定各观测值的权，将观测值加权来参与平差，从而得出合理的平差结果. 这就是我们要引入权这个概念的关键.

【例 3】 在三角测量中，Ⅲ等三角网测角中误差为±1.8″，Ⅳ等的测角中误差为±2.5″，试确定它们的权.

解（方法 1）

设 $\sigma_0 = 5''$，则

$$P_{Ⅲ} = \sigma_0^2 / \sigma_{Ⅲ}^2 = 7.72, P_N = \sigma_0^2 / \sigma_N^2 = 4$$

两者的权比为

$$P_{Ⅲ} / P_N = 1.93$$

（方法 2）

设 $\sigma_0 = \sigma_N = 2.5''$，则

$$P_{Ⅲ} = \sigma_0^2 / \sigma_{Ⅲ}^2 = 1.93, P_N = \sigma_0^2 / \sigma_N^2 = 1$$

两者的权比为

$$P_{Ⅲ} / P_N = 1.93$$

可见，无论 σ_0 的取值如何，两观测值的权比是不变的.

【例 4】 在边角网中，已知测角中误差为1.0″，测边中误差为 2.0 cm，试确定它们的权.

解 设 $\sigma_0 = \sigma_\beta = 1.0''$，则

$$P_\beta = \sigma_0^2 / \sigma_\beta^2 = 1\text{（无量纲）},\quad P_S = \sigma_0^2 / \sigma_S^2 = 0.25(''^2 / \text{cm}^2)$$

由以上两个例子可以看出，观测值的权值随单位权中误差 σ_0 的取值的不同而不同，但观测值之间的权比保持不变，在测量平差中权值的绝对大小是没有意义的，观测量之间的权比才是我们需要的信息；在不同类的观测值中(如边角网)权为具有量纲的值.

2. 协因数

现将权的定义式改写为

$$\sigma_i^2 = \sigma_0^2 / P_i \quad \text{或} \quad \sigma_i = \sigma_0 / \sqrt{P_i}$$

令 $Q_{ii} = 1 / P_i = \sigma_i^2 / \sigma_0^2$，式中 Q_{ii} 称为协因素或权倒数，所以

$$\sigma_i^2 = \sigma_0^2 Q_{ii} \quad \text{或} \quad \sigma_i = \sigma_0 \sqrt{Q_{ii}}$$

上式表明，任一观测值（或任一随机变量）的方差总是等于单位权方差与该观测

值协因素（权倒数）的乘积.

3. 协方差阵、协因数阵与权阵

对于单个观测量的精度，可以用其方差来描述. 但在测量中，通常碰到的是 n 个观测量 $L_i(i=1,2,\cdots,n)$ 所组成的 n 维观测向量 $\underset{n\times1}{\boldsymbol{L}}$，为了描述多维观测向量的精度，则须引入协方差阵、协因数阵和权阵等概念.

一维随机变量 X 的方差的定义是

$$\underset{1\times1}{\boldsymbol{D}}=\sigma_X^2=E[(X-E(X))^2]=E[(X-E(X))(X-E(X))^{\mathrm{T}}]$$

也可写成

$$\underset{1\times1}{\boldsymbol{D}}=\sigma_X^2=E(\Delta_X\Delta_X^{\mathrm{T}})=E(\Delta_X^2)=\lim_{n\to\infty}\frac{[\Delta_X^2]}{n}$$

式中：$\Delta_X=E(X)-X$.

对于多维随机向量 $\underset{t\times1}{\boldsymbol{X}}=[X_1X_2\cdots X_t]^{\mathrm{T}}$，描述其精度的协方差阵的定义为

$$\underset{t\times t}{\boldsymbol{D}_{\boldsymbol{X}}}=E[(\boldsymbol{X}-E(\boldsymbol{X}))(\boldsymbol{X}-E(\boldsymbol{X}))^{\mathrm{T}}]=\begin{bmatrix}\sigma_{x1}^2 & \sigma_{x1x2} & \cdots & \sigma_{x1xt}\\ \sigma_{x2x1} & \sigma_{x2}^2 & \cdots & \sigma_{x2xt}\\ \vdots & \vdots & & \vdots\\ \sigma_{xtx1} & \sigma_{xtx2} & \cdots & \sigma_{xt}^2\end{bmatrix}$$

式中：$\sigma_{xi}^2=E[(X_i-E(X_i))(X_i-E(X_i))]$ 为 $\boldsymbol{X}$ 向量中第 i 个随机变量 X_i 的方差，而 $\sigma_{xi}^2=E[(X_i-E(X_i))(X_i-E(X_i))]$ 为向量中 X_i 和 X_j 两个随机变量的协方差. 故上式称为随机变量 X 的协方差阵. 它是一对称方阵. 协方差阵中主对角线元素为向量中各随机变量的方差，非对角线元素为两两随机变量间的协方差. 由数理统计中相关系数定义

$$\rho_{xixj}=\sigma_{xixj}/\sigma_{xi}\sigma_{xj}$$

当 t 维随机向量 $\underset{t\times1}{\boldsymbol{X}}$ 中的任意两个随机变量均不相关时，即 $\sigma_{xixj}=0(i\neq j)$，则方差阵 $\boldsymbol{D}_{\boldsymbol{X}}$ 变为对角阵

$$\boldsymbol{D}_{\boldsymbol{X}}=\begin{bmatrix}\sigma_{x1}^2 & & & \\ & \sigma_{x2}^2 & & \\ & & \ddots & \\ & & & \sigma_{xt}^2\end{bmatrix}$$

进一步，当 $\sigma_{x1}^2=\sigma_{x2}^2=\cdots=\sigma_{xt}^2=\sigma^2$，即为等精度情况时，有 $\boldsymbol{D}_{\boldsymbol{X}}=\sigma^2\underset{t\times t}{\boldsymbol{I}}$，$\underset{t\times t}{\boldsymbol{I}}$ 为 t 阶单位阵.

设有 $\boldsymbol{Z}$ 向量是由 t 维 $\underset{t\times1}{\boldsymbol{X}}$ 向量和 r 维 $\underset{r\times1}{\boldsymbol{Y}}$ 向量所组成，即

$$\underset{(t+r)\times 1}{\boldsymbol{Z}}=\begin{bmatrix}\underset{t\times 1}{\boldsymbol{X}}\\ \underset{r\times 1}{\boldsymbol{Y}}\end{bmatrix}$$

则 $\boldsymbol{Z}$ 向量的方差阵为

$$\underset{(t+r)\times(t+r)}{\boldsymbol{D}}=E\{(\boldsymbol{Z}-E(\boldsymbol{Z}))(\boldsymbol{Z}-E(\boldsymbol{Z}))^{\mathrm{T}}\}=E\left\{\begin{bmatrix}\boldsymbol{X}-E(\boldsymbol{X})\\ \boldsymbol{Y}-E(\boldsymbol{Y})\end{bmatrix}[(\boldsymbol{X}-E(\boldsymbol{X}))^{\mathrm{T}}(\boldsymbol{Y}-E(\boldsymbol{Y}))^{\mathrm{T}}\right\}$$

$$=\begin{bmatrix}\underset{t\times t}{\boldsymbol{D_X}} & \underset{t\times r}{\boldsymbol{D_{XY}}}\\ \underset{r\times t}{\boldsymbol{D_{YX}}} & \underset{r\times r}{\boldsymbol{D_Y}}\end{bmatrix}$$

式中：$\boldsymbol{D_X}$，$\boldsymbol{D_Y}$ 分别为 $\boldsymbol{X}$，$\boldsymbol{Y}$ 向量的协方差阵，而 $\boldsymbol{D_{XY}}$，$\boldsymbol{D_{YX}}$ 分别为 $\boldsymbol{X}$ 向量关于 $\boldsymbol{Y}$ 向量的协方差阵和 $\boldsymbol{Y}$ 向量关于 $\boldsymbol{X}$ 向量的协方差阵，即

$$\boldsymbol{D_{XY}}=E[(\boldsymbol{X}-E(\boldsymbol{X}))(\boldsymbol{Y}-E(\boldsymbol{Y}))^{\mathrm{T}}]\text{，}\quad \boldsymbol{D_{YX}}=E[(\boldsymbol{Y}-E(\boldsymbol{Y}))(\boldsymbol{X}-E(\boldsymbol{X}))^{\mathrm{T}}]$$

易于证明

$$\boldsymbol{D}_{\boldsymbol{XY}}^{\mathrm{T}}=E[(\boldsymbol{X}-E(\boldsymbol{X}))(\boldsymbol{Y}-E(\boldsymbol{Y}))^{\mathrm{T}}]^{\mathrm{T}}=E[(\boldsymbol{Y}-E(\boldsymbol{Y}))(\boldsymbol{X}-E(\boldsymbol{X}))^{\mathrm{T}}]=\boldsymbol{D_{YX}}$$

即 $\boldsymbol{D_{XY}}$ 与 $\boldsymbol{D_{YX}}$ 互为转置.

当 $\boldsymbol{D_{XY}}=\boldsymbol{0}$ 时，则表示 $\boldsymbol{X}$ 向量与 $\boldsymbol{Y}$ 向量是统计不相关的.

【例 5】 设在测站 D 上，用方向法观测了 A，B，C 三个方向（见图 2.3），得 10 个测回的方向值 a，b，c 见表 2.3，试求方向观测值的方差与协方差.

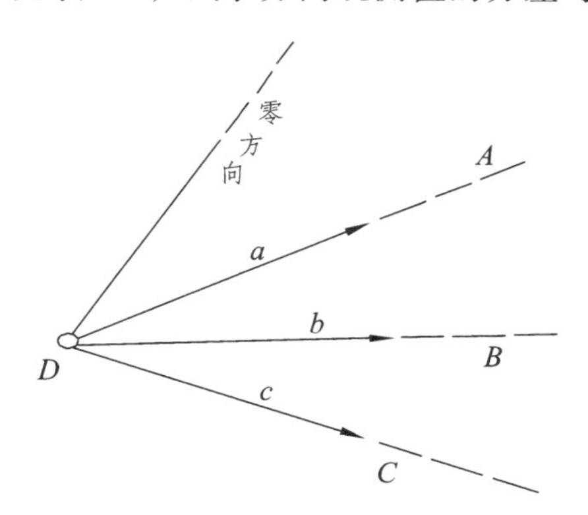

图 2.3　测站 D 对 A，B，C 三个方向的观测

解　（1）当各方向的真值未知时，计算观测值的算术平均值作为其真值的估值，得

$$\bar{a}=28°47'31.3''\text{，}\quad \bar{b}=47°18'19.4''\text{，}\quad \bar{c}=69°50'32.8''$$

（2）计算改正数 V_{ai}，V_{bi}，V_{ci}，并以 $\sum V_{ai}=\sum V_{bi}=\sum V_{ci}=0$ 作为计算正确性的检核.

（3）计算各方向观测的改正数平方和 $[vv]_a$，$[vv]_b$，$[vv]_c$.

表 2.3　测站 D 的观测值

a	b	c
28°47′29″	47°18′19″	69°50′34″
28°47′34″	47°18′20″	69°50′35″
28°47′28″	47°18′18″	69°50′33″
28°47′33″	47°18′17″	69°50′35″
28°47′35″	47°18′24″	69°50′31″
28°47′35″	47°18′18″	69°50′30″
28°47′31″	47°18′16″	69°50′29″
28°47′29″	47°18′25″	69°50′32″
28°47′27″	47°18′19″	69°50′32″
28°47′32″	47°18′18″	69°50′37″

（4）按测量学中直接观测的白塞尔公式计算各观测方向的方差估值 $\hat{\sigma}^2=[vv]/(n-1)$，式中 $n-1$ 为多余观测，即数理统计学中的自由度 $d_f=n-1$，得

$$\hat{\sigma}_a^2=[vv]_a/9=78.1/9=8.68,$$

$$\hat{\sigma}_b^2=[vv]_b/9=76.4/9=8.49,$$

$$\hat{\sigma}_c^2=[vv]_c/9=55.6/9=6.18$$

或

$$\hat{\sigma}_a=2.95'',\quad \hat{\sigma}_b=2.91'',\quad \hat{\sigma}_c=2.49''$$

（5）计算两个方向观测值间的协方差估值，得

$$\hat{\sigma}_{ab}=[v_a v_b]/9=3.80/9=0.42('')^2,$$

$$\hat{\sigma}_{ac}=[v_a v_c]/9=-1.40/9=-0.16('')^2,$$

$$\hat{\sigma}_{bc}=[v_b v_c]/9=-6.20/9=-0.69('')^2$$

（6）计算两个方向观测值间的相关系数估值，得

$$\hat{\rho}_{ab}=\hat{\sigma}_{ab}/(\hat{\sigma}_a\hat{\sigma}_b)=0.05,$$

$$\hat{\rho}_{ac}=\hat{\sigma}_{ac}/(\hat{\sigma}_a\hat{\sigma}_c)=-0.02,$$

$$\hat{\rho}_{bc}=\hat{\sigma}_{bc}/(\hat{\sigma}_b\hat{\sigma}_c)=-0.10$$

可见，两个方向观测值间的相关系数很小，因此，可认为方向观测值之间是不相关的. 最后的观测向量方差阵估值为

$$\hat{\boldsymbol{D}}_L=\begin{bmatrix}8.68 & 0.05 & -0.02\\ 0.05 & 8.49 & -0.09\\ -0.02 & -0.09 & 6.18\end{bmatrix}\approx\begin{bmatrix}8.68 & & \\ & 8.49 & \\ & & 6.18\end{bmatrix}$$

我们已经定义了观测值的协因数为观测值的权倒数，如 $Q_{ii}=1/P_i=\sigma_i^2/\sigma_0^2$，对于两个随机变量之间的互协因数，可表示为

$$Q_{ij}=\sigma_{ij}/\sigma_0^2$$

式中：σ_{ij} 为协方差.

现将 t 维随机向量 $\underset{t\times1}{\boldsymbol{X}}$ 的方差阵，乘以一纯量因子 $1/\sigma_0^2$，顾及相关公式得协因数阵 $\boldsymbol{Q}_X$，即

$$\boldsymbol{Q}_X=\frac{1}{\sigma_0^2}\boldsymbol{D}_X=\begin{bmatrix}Q_{11} & Q_{12} & \cdots & Q_{1t}\\ Q_{21} & Q_{22} & \cdots & Q_{2t}\\ \vdots & \vdots & & \vdots\\ Q_{t1} & Q_{t2} & \cdots & Q_{tt}\end{bmatrix}$$

在协因数阵中，主对角线元素 Q_{ii} 为随机变量 X_i 的协因数，即权倒数，而非主对角线元素 $Q_{ij}(i\neq j)$ 则为 X_i 关于 X_j 的互协因数. 容易理解，协因数 Q_{ii} 与权数 P_i 有类似的作用，它们是比较观测值精度高低的指标，而互协因数 $Q_{ij}(i\neq j)$ 是比较观测值之间相关程度的指标.

对于单个观测值 L_i，其权数 P_i 与协因数 Q_{ii} 互为倒数，即 $Q_{ii}=1/P_i=P_i^{-1}$ 或 $P_i=Q_{ii}^{-1}$. 将上述概念加以推广，定义 t 维向量 $\underset{t\times1}{\boldsymbol{X}}$ 的权阵 $\underset{t\times t}{\boldsymbol{P}}$ 为

$$\boldsymbol{P}_X=\boldsymbol{Q}_X^{-1}$$

即观测向量 $\boldsymbol{X}$ 的权阵是其协因数阵 $\boldsymbol{Q}_X$ 的逆矩阵. 观测向量 $\boldsymbol{X}$ 的权阵与其方差阵之间的关系式可写为

$$\boldsymbol{D}_X=\sigma_0^2\boldsymbol{P}_X^{-1}$$

【例 6】 已知观测值的向量 $\underset{2\times1}{\boldsymbol{L}}$ 的协因数阵为

$$\boldsymbol{Q}=\begin{pmatrix}2 & -1\\ -1 & 2\end{pmatrix}$$

试求观测向量 $\boldsymbol{L}$ 的权阵 $\boldsymbol{P}$ 及观测值 L_1，L_2 的权.

解 由权阵的定义得

$$\boldsymbol{P}=\boldsymbol{Q}^{-1}=\begin{pmatrix}2 & -1\\ -1 & 2\end{pmatrix}^{-1}=\frac{1}{3}\begin{pmatrix}2 & 1\\ 1 & 2\end{pmatrix}$$

又根据权和协因数的关系式，得观测值的权值

$$P_1=1/Q_{11}=1/2\text{，}\quad P_2=1/Q_{22}=1/2$$

【例 7】 已知观测值的向量 $\underset{3\times1}{\boldsymbol{L}}$ 的权阵为

$$P=\begin{pmatrix}3&2&1\\2&4&2\\1&2&3\end{pmatrix}$$

试求观测值 L_1， L_2， L_3 的权 P_i.

解 观测向量 $\boldsymbol{L}$ 的协因数阵为

$$\boldsymbol{Q}=\boldsymbol{P}^{-1}=\begin{bmatrix}3&2&1\\2&4&2\\1&2&3\end{bmatrix}^{-1}=\frac{1}{4}\begin{bmatrix}2&-1&0\\-1&2&-1\\0&-1&2\end{bmatrix}$$

得

$$Q_{11}=Q_{22}=Q_{33}=2/4=1/2,$$

故

$$P_1=P_2=P_3=2.$$

从上面的例子可以看出，观测值的权 P_i 与权阵中三个主对角线元素 P_{ii} 是不一定相等的.

2.3 精度、准确度与精确度

2.3.1 精　度

综前所述，所谓观测值的精度，指在一定观测条件下，一个量的重复观测值彼此之间接近或一致的程度. 方差 σ^2 就是衡量观测值精度的指标之一. 由方差定义式可知，精度实际上反映了该组观测值与其理论平均值（数学期望）的接近程度. 也可以说，精度是以观测值自身的平均值为标准的. 观测条件越好，观测值越密集，则该组观测值的精度越高.

2.3.2 准确度

所谓准确度，指观测值的数学期望 $E(L)$与其真值 $\tilde{L}$ 的接近程度. 由观测值与真值之间的关系式有 $\tilde{L}=L+\Delta$，则 $E(\tilde{L})=E(L)+E(\Delta)$，因此有 $\tilde{L}=E(L)+E(\Delta)$，当观测中不含系统误差和粗差时，$E(\Delta)=0$，故 $\tilde{L}=E(L)$；反之，当观测中含有系统误差或粗差，甚至两者均有的情况时，则 $E(\Delta)\neq 0$. 此时，观测值的数学期望 $E(L)$将偏离其真值 $\tilde{L}$，

人们常用准确度 β 这个概念来表示：

$$\beta = \tilde{L} - E(L)$$

可见，观测值的数学期望 $E(L)$ 与其真值 $\tilde{L}$ 偏差越大，则准确度越低. 准确度实际上反映了观测结果受系统误差或粗差影响的大小程度.

图 2.4（a）与图 2.4（b）分别表示同一个量的两组重复观测值的分布. 可见，$\sigma_1 > \sigma_2$，即第二组比第一组的精度要高些. 但 $\beta_2 > \beta_1$，故第二组要比第一组的准确度低些.

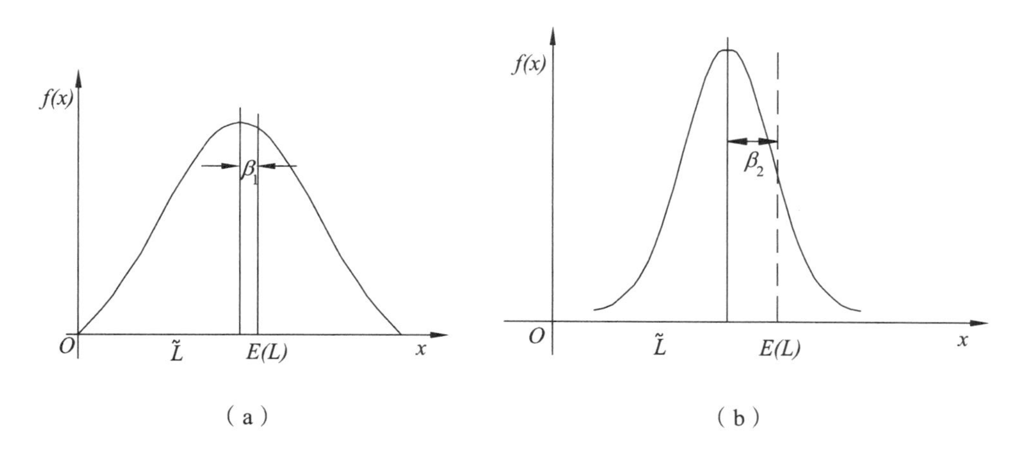

图 2.4　同一个量的两组重复观测值的分布

2.3.3　精确度与均方误差

精确度是指观测结果与真值的接近程度，包括观测值与其数学期望的接近程度和数学期望与其真值的接近程度，它是精度和准确度的合成. 通常我们用均方误差来表示精确度的大小.

设 L 为某观测量的观测值，$\tilde{L}$ 为该观测量的真值，则均方误差的定义为

$$MSE(L) = E(L - \tilde{L})^2$$

改写为

$$\begin{aligned} MSE(L) &= E\left[(L - E(L) + (E(L) - \tilde{L})\right]^2 \\ &= E(L - E(L))^2 + E(E(L) - \tilde{L})^2 + 2E\left[(L - E(L)(E(L) - \tilde{L})\right] \end{aligned} \tag{2.1}$$

因为

$$E\left[(L-E(L)(E(L)-\tilde{L})\right]=E^2(L)-\tilde{L}E(L)-E^2(L)+E(L)\tilde{L}=0$$

故式（2.1）又可写为

$$MSE(L)=\sigma_L^2+(E(L)-\tilde{L})^2$$

即 L 的均方误差等于 L 的方差加上偏差的平方.

从上式可看出，均方误差是一个全面衡量观测质量的指标. 当观测结果中没有系统误差或粗差时，均方误差即方差，精确度即精度.

第 3 章

误差传播定律

第二章主要介绍了偶然误差的特性及直接观测值方差和中误差的求取方法. 但在大量的测量数据处理中，需要求取的方差或中误差并不是直接观测的，而是直接观测值的线性或非线性函数，这类函数的方差或中误差如何求取，是本章要解决的问题. 本章还介绍了广义传播率的定义及广义传播率在测量数据处理中的应用.

3.1 协方差传播律

对于单个观测值的精度评定和多个观测值（多维观测向量）的精度评定，前面我们已做了介绍，它们分别可以用方差和协方差阵来衡量. 在测量工作中，除观测值外，还会经常遇到各种观测值函数，故如何根据观测值的精度来求函数值的精度问题尚需研究，这就是我们要介绍的传播律.

如图 3.1 所示，在测站 O 上观测三个方向的方向值为 L_1，L_2，L_3，根据三个方向值计算得 $\beta_1 = L_2 - L_1$，$\beta_2 = L_3 - L_2$，其中，β_1，β_2 就是观测值 L_i 的函数值. 当已知 L_i 的精度时，如何评定 β_i 的精度？

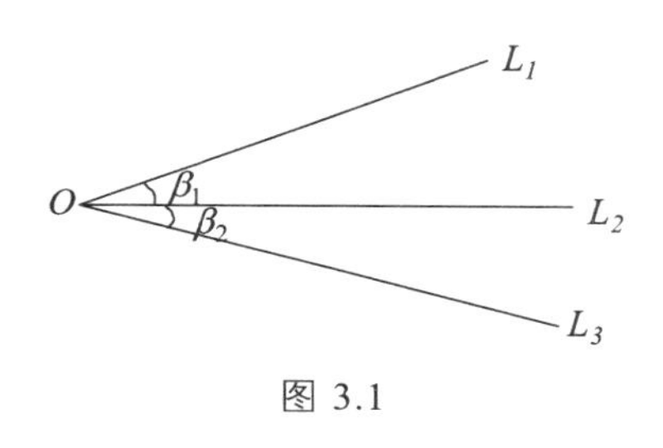

图 3.1

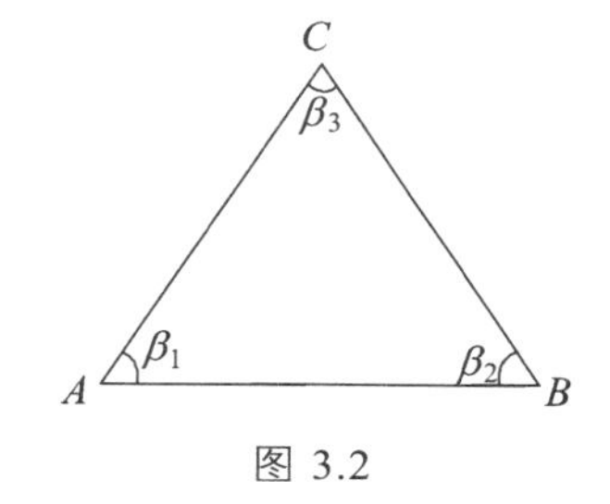

图 3.2

如图 3.2 所示，观测三角形 ABC 的三内角值为 β_1，β_2，β_3，根据三内角值可以计算三角形闭合差和各内角的平差值. 设观测值的向量表示为 $\boldsymbol{L}=[\beta_1 \quad \beta_2 \quad \beta_3]^{\mathrm{T}}$，计算闭合差的表达式为

$$\omega=180-(\beta_1+\beta_2+\beta_3)=180-[1,1,1]\boldsymbol{L}$$

三内角的平差值的表达式为

$$\hat{\boldsymbol{L}}=\begin{bmatrix}\beta_1\\ \beta_2\\ \beta_3\end{bmatrix}+\frac{1}{3}\omega=\frac{1}{3}\begin{bmatrix}2 & -1 & -1\\ -1 & 2 & -1\\ -1 & -1 & 2\end{bmatrix}\boldsymbol{L}+\begin{bmatrix}60\\ 60\\ 60\end{bmatrix}$$

由 ω 和 $\hat{\boldsymbol{L}}$ 的表达式可知，它们都是观测值的函数. 那么，如何根据观测值的精度来衡量这些观测值函数的精度呢？本节要介绍的协方差传播律就是解决该问题的方法.

3.1.1 线性函数的协方差

求解函数的精度，我们先研究线性函数的协方差传播律. 在实际工作中，在求函数的精度时，对于非线性函数也是先化成线性函数形式来解算的. 为此，线性函数的协方差传播律是传播律的基本形式. 设已知随机向量 $\underset{t\times1}{\boldsymbol{X}}$，其数学期望为 $E(\underset{t\times1}{\boldsymbol{X}})$，方差阵为 $\underset{t\times t}{\boldsymbol{D}_{XX}}$. 若有线性函数

$$\underset{r\times1}{\boldsymbol{Y}}=\underset{r\times t}{\boldsymbol{A}}\underset{t\times1}{\boldsymbol{X}}+\underset{r\times1}{\boldsymbol{b}}$$

式中：$\boldsymbol{A}$ 是已知系数阵；$\boldsymbol{b}$ 是已知常数值.

函数 $\boldsymbol{Y}$ 的数学期望和方差为

$$E(\boldsymbol{Y})=\boldsymbol{A}E(\boldsymbol{X})+\boldsymbol{b}$$

$$\boldsymbol{D}_{YY}=\boldsymbol{A}\boldsymbol{D}_{XX}\boldsymbol{A}^{\mathrm{T}}$$

上式是求函数的方差公式，称为协方差传播律.

3.1.2 两组线性函数的互协方差阵

设有两组 $\underset{t\times1}{\boldsymbol{X}}$ 的线性函数

$$\underset{r\times1}{\boldsymbol{Y}}=\underset{r\times t}{\boldsymbol{A}_1}\underset{t\times1}{\boldsymbol{X}}+\underset{r\times1}{\boldsymbol{b}_1}, \quad \underset{s\times1}{\boldsymbol{Z}}=\underset{s\times t}{\boldsymbol{A}_2}\underset{t\times1}{\boldsymbol{X}}+\underset{s\times1}{\boldsymbol{b}_2}$$

式中：$\boldsymbol{A}_1$，$\boldsymbol{A}_2$ 均为系数矩阵；$\boldsymbol{b}_1$，$\boldsymbol{b}_2$ 均为常数向量. 若已知 $\boldsymbol{X}$ 的方差阵 $\boldsymbol{D}_{XX}$，则 $\boldsymbol{Y}$

关于 $\boldsymbol{Z}$ 的协方差阵 $\boldsymbol{D_{YZ}}$ 和 $\boldsymbol{Z}$ 关于 $\boldsymbol{Y}$ 的方差阵 $\boldsymbol{D_{ZY}}$ 可根据协方差阵的定义求得. 即

$$\underset{r\times s}{\boldsymbol{D_{YZ}}} = E[(\boldsymbol{Y}-E(\boldsymbol{Y}))(\boldsymbol{Z}-E(\boldsymbol{Z}))^{\mathrm{T}}]$$

$$= E[(\boldsymbol{A}_1\boldsymbol{X}-\boldsymbol{A}_1E(\boldsymbol{X}))(\boldsymbol{A}_2\boldsymbol{X}-\boldsymbol{A}_2E(\boldsymbol{X}))^{\mathrm{T}}]$$

$$= \boldsymbol{A}_1E[(\boldsymbol{X}-E(\boldsymbol{X}))(\boldsymbol{X}-E(\boldsymbol{X}))^{\mathrm{T}}]\boldsymbol{A}_2^{\mathrm{T}} = \boldsymbol{A}_1\boldsymbol{D_{XX}}\boldsymbol{A}_2^{\mathrm{T}}$$

同理得

$$\underset{r\times s}{\boldsymbol{D_{ZY}}} = \boldsymbol{A}_2\boldsymbol{D_{XX}}\boldsymbol{A}_1^{\mathrm{T}}$$

上式即求两组函数向量间的互协方差阵公式，且

$$\boldsymbol{D_{YZ}} = \boldsymbol{D}_{\boldsymbol{ZY}}^{\mathrm{T}}$$

【例 1】 设有函数 $Y = 2X_1 - 3X_2 - 10 = [2 \quad -3]\begin{bmatrix} X_1 \\ X_2 \end{bmatrix} - 10$，已知 $\boldsymbol{D_X} = \begin{bmatrix} 8 & 2 \\ 2 & 5 \end{bmatrix}(\mathrm{cm}^2)$. 试求函数 Y 的方差.

解 由协方差传播律得

$$D_Y = \sigma_Y^2 = [2 \quad -3]\begin{bmatrix} 8 & 2 \\ 2 & 5 \end{bmatrix}\begin{bmatrix} 2 \\ -3 \end{bmatrix} = 53\ (\mathrm{cm}^2), \quad \sigma_Y = \sqrt{53} = 7.3\ (\mathrm{cm})$$

【例 2】 β_1，β_2，β_3 为等精度独立观测，其方差均为 σ^2. 试求平差值 $\hat{\boldsymbol{L}}$ 的方差阵.

解 已知平差阵的表达式为

$$\hat{\boldsymbol{L}} = \begin{bmatrix} \beta_1 \\ \beta_2 \\ \beta_3 \end{bmatrix} + \frac{1}{3}\omega = \frac{1}{3}\begin{bmatrix} 2 & -1 & -1 \\ -1 & 2 & -1 \\ -1 & -1 & 2 \end{bmatrix}\boldsymbol{L} + \begin{bmatrix} 60 \\ 60 \\ 60 \end{bmatrix}$$

根据协方差传播律有

$$\boldsymbol{D}_{\hat{\boldsymbol{L}}} = \frac{1}{3}\begin{bmatrix} 2 & -1 & -1 \\ -1 & 2 & -1 \\ -1 & -1 & 2 \end{bmatrix}\begin{bmatrix} \sigma^2 & & \\ & \sigma^2 & \\ & & \sigma^2 \end{bmatrix}\frac{1}{3}\begin{bmatrix} 2 & -1 & -1 \\ -1 & 2 & -1 \\ -1 & -1 & 2 \end{bmatrix} = \frac{\sigma^2}{3}\begin{bmatrix} 2 & -1 & -1 \\ -1 & 2 & -1 \\ -1 & -1 & 2 \end{bmatrix}$$

即平差后的三个内角的方差均为 $\frac{2}{3}\sigma^2$，而两两之间的协方差均为 $-\frac{1}{3}\sigma^2$.

【例 3】 设有函数 $\boldsymbol{Z} = \boldsymbol{F}_1\boldsymbol{X} + \boldsymbol{F}_2\boldsymbol{Y} + \boldsymbol{F}^0$，已知 $\boldsymbol{X}$，$\boldsymbol{Y}$ 的方差阵分别为 $\boldsymbol{D_X}$，$\boldsymbol{D_Y}$，两者之间的协方差阵为 $\boldsymbol{D_{XY}}$. 试求 $\boldsymbol{Z}$ 的方差阵 $\boldsymbol{D_Z}$ 及 $\boldsymbol{Z}$ 对应于 $\boldsymbol{X}$，$\boldsymbol{Z}$ 对于 $\boldsymbol{Y}$ 的协方差阵 $\boldsymbol{D_{ZX}}$，$\boldsymbol{D_{ZY}}$.

解 令 $\boldsymbol{K} = [\boldsymbol{F}_1 \quad \boldsymbol{F}_2]$, $\boldsymbol{U} = \begin{pmatrix} \boldsymbol{X} \\ \boldsymbol{Y} \end{pmatrix}$，$\boldsymbol{F} = [\boldsymbol{I} \quad \boldsymbol{0}]$，则函数式可改写为

$$\boldsymbol{Z} = \boldsymbol{K}\boldsymbol{U} + \boldsymbol{F}^0$$

由协方差定义可知，$\boldsymbol{U}$ 的方差阵为

$$\boldsymbol{D}_U=\begin{bmatrix}\boldsymbol{D}_{XX} & \boldsymbol{D}_{XY}\\ \boldsymbol{D}_{YX} & \boldsymbol{D}_{YY}\end{bmatrix}$$

依协方差传播律，有

$$\boldsymbol{D}_Z=\boldsymbol{K}\boldsymbol{D}_U\boldsymbol{K}^{\mathrm{T}}=\begin{bmatrix}\boldsymbol{F}_1 & \boldsymbol{F}_2\end{bmatrix}\begin{bmatrix}\boldsymbol{D}_{XX} & \boldsymbol{D}_{XY}\\ \boldsymbol{D}_{YX} & \boldsymbol{D}_{YY}\end{bmatrix}\begin{bmatrix}\boldsymbol{F}_1^{\mathrm{T}}\\ \boldsymbol{F}_2^{\mathrm{T}}\end{bmatrix}$$

$$=\boldsymbol{F}_1\boldsymbol{D}_X\boldsymbol{F}_1^{\mathrm{T}}+\boldsymbol{F}_2\boldsymbol{D}_{YY}\boldsymbol{F}_2^{\mathrm{T}}+\boldsymbol{F}_1\boldsymbol{D}_{XY}\boldsymbol{F}_2^{\mathrm{T}}+\boldsymbol{F}_2\boldsymbol{D}_{YX}\boldsymbol{F}_1^{\mathrm{T}}$$

为利用上式求 $\boldsymbol{Z}$ 对 $\boldsymbol{X}$ 的协方差阵 $\boldsymbol{D}_{ZX}$，则必须将 $\boldsymbol{Z}$，$\boldsymbol{X}$ 表达为同一随机变量的函数，即均表达为 $\boldsymbol{X}$，$\boldsymbol{Y}$ 的函数，因此

$$\boldsymbol{Z}=\boldsymbol{F}_1\boldsymbol{X}+\boldsymbol{F}_2\boldsymbol{Y}+\boldsymbol{F}^0=\begin{bmatrix}\boldsymbol{F}_1 & \boldsymbol{F}_2\end{bmatrix}\begin{bmatrix}\boldsymbol{X}\\ \boldsymbol{Y}\end{bmatrix}+\boldsymbol{F}^0=\boldsymbol{K}\boldsymbol{U}+\boldsymbol{F}^0,$$

$$\boldsymbol{X}=\boldsymbol{I}\boldsymbol{X}+\boldsymbol{0}\boldsymbol{Y}=\begin{bmatrix}\boldsymbol{I} & \boldsymbol{0}\end{bmatrix}\begin{bmatrix}\boldsymbol{X}\\ \boldsymbol{Y}\end{bmatrix}=\boldsymbol{F}\boldsymbol{U}$$

再依协方差传播律，得

$$\boldsymbol{D}_{ZX}=\boldsymbol{K}\boldsymbol{D}_U\boldsymbol{F}^{\mathrm{T}}=\begin{bmatrix}\boldsymbol{F}_1 & \boldsymbol{F}_2\end{bmatrix}\begin{bmatrix}\boldsymbol{D}_{XX} & \boldsymbol{D}_{XY}\\ \boldsymbol{D}_{YX} & \boldsymbol{D}_{YY}\end{bmatrix}\begin{bmatrix}\boldsymbol{I}\\ \boldsymbol{0}\end{bmatrix}=\boldsymbol{F}_1\boldsymbol{D}_{XX}+\boldsymbol{F}_2\boldsymbol{D}_{YX}$$

同理得

$$\boldsymbol{D}_{ZY}=\begin{bmatrix}\boldsymbol{F}_1 & \boldsymbol{F}_2\end{bmatrix}\begin{bmatrix}\boldsymbol{D}_{XX} & \boldsymbol{D}_{XY}\\ \boldsymbol{D}_{YX} & \boldsymbol{D}_{YY}\end{bmatrix}\begin{bmatrix}\boldsymbol{0}\\ \boldsymbol{I}\end{bmatrix}=\boldsymbol{F}_1\boldsymbol{D}_{XY}+\boldsymbol{F}_2\boldsymbol{D}_Y$$

【例 4】 设有函数

$$\boldsymbol{Y}=\boldsymbol{F}\boldsymbol{X}_1+\boldsymbol{F}^0,\qquad \boldsymbol{Z}=\boldsymbol{K}\boldsymbol{X}_2+\boldsymbol{K}^0$$

已知 $\boldsymbol{X}_1$，$\boldsymbol{X}_2$ 之间的协方差阵 $\boldsymbol{D}_{12}$，求 $\boldsymbol{Y}$ 对 $\boldsymbol{Z}$ 的协方差阵.

解 将函数改写为

$$\boldsymbol{Y}=\boldsymbol{F}\boldsymbol{X}_1+\boldsymbol{0}\boldsymbol{X}_2+\boldsymbol{F}^0=\begin{bmatrix}\boldsymbol{F} & \boldsymbol{0}\end{bmatrix}\begin{bmatrix}\boldsymbol{X}_1^{\mathrm{T}} & \boldsymbol{X}_2^{\mathrm{T}}\end{bmatrix}^{\mathrm{T}}+\boldsymbol{F}^0,$$

$$\boldsymbol{Z}=\boldsymbol{0}\boldsymbol{X}_1+\boldsymbol{K}\boldsymbol{X}_2+\boldsymbol{K}^0=\begin{bmatrix}\boldsymbol{0} & \boldsymbol{K}\end{bmatrix}\begin{bmatrix}\boldsymbol{X}_1^{\mathrm{T}} & \boldsymbol{X}_2^{\mathrm{T}}\end{bmatrix}^{\mathrm{T}}+\boldsymbol{K}^0$$

依协方差公式，有

$$\boldsymbol{D}_{YZ}=\begin{bmatrix}\boldsymbol{F} & \boldsymbol{0}\end{bmatrix}\begin{bmatrix}\boldsymbol{D}_{X1} & \boldsymbol{D}_{12}\\ \boldsymbol{D}_{21} & \boldsymbol{D}_{X2}\end{bmatrix}\begin{bmatrix}\boldsymbol{0}\\ \boldsymbol{K}^{\mathrm{T}}\end{bmatrix}=\boldsymbol{F}\boldsymbol{D}_{12}\boldsymbol{K}^{\mathrm{T}}$$

上式表明，尽管 $\boldsymbol{Y}$ 和 $\boldsymbol{Z}$ 两者似乎毫无关系，但当 $\boldsymbol{X}_1$，$\boldsymbol{X}_2$ 之间的协方差不为零时，

我们利用“加零法”，将两函数式表示为同一随机向量$\begin{bmatrix} \boldsymbol{X}_1^{\mathrm{T}} & \boldsymbol{X}_2^{\mathrm{T}} \end{bmatrix}^{\mathrm{T}}$的函数，而计算出$\boldsymbol{Y}$对于$\boldsymbol{Z}$的协方差阵.

3.2 广义传播律

3.2.1 协因数传播律与广义传播律

对于函数的精度，还可用协因数来表示，即当已知随机变量的协因数阵时，如何求得随机变量函数的协因数阵. 协方差阵等于单位权方差与协因数阵的乘积，即$\boldsymbol{D}_X = \sigma_0^2 \boldsymbol{Q}_X$，因此，上节中导出的协方差传播律公式可转变为协因数之间的关系，称为协因数传播律公式. 协方差传播律与协因数传播律合称为广义传播律.

设有函数$\boldsymbol{Y} = \boldsymbol{F}\boldsymbol{X} + \boldsymbol{F}^0, \boldsymbol{Z} = \boldsymbol{K}\boldsymbol{X} + \boldsymbol{K}^0$，由协方差传播律公式，有$\boldsymbol{D}_{YY} = \boldsymbol{A}\boldsymbol{D}_{XX}\boldsymbol{A}^{\mathrm{T}}$，改写为$\sigma_0^2 \boldsymbol{Q}_{YY} = \sigma_0^2 \boldsymbol{A}\boldsymbol{Q}_{XX}\boldsymbol{A}^{\mathrm{T}}$，两边约去$\sigma_0^2$后，得

$$\boldsymbol{Q}_{YY} = \boldsymbol{F}\boldsymbol{Q}_{XX}\boldsymbol{F}^{\mathrm{T}}$$

同理可得

$$\boldsymbol{Q}_{YZ} = \boldsymbol{F}\boldsymbol{Q}_{XX}\boldsymbol{K}^{\mathrm{T}}$$

$$\boldsymbol{Q}_{YZ} = \boldsymbol{Q}_{ZY}^{\mathrm{T}}$$

【例 5】在测站O上观测三个方向的方向值为$\boldsymbol{L} = \begin{bmatrix} L_1 & L_2 & L_3 \end{bmatrix}^{\mathrm{T}}$，计算所得的角度向量为$\beta_1 = L_2 - L_1$，$\beta_2 = L_3 - L_2$，令$\boldsymbol{\beta} = \begin{bmatrix} \beta_1 & \beta_2 \end{bmatrix}^{\mathrm{T}}$，求$\boldsymbol{\beta}$的协因数阵.

$\boldsymbol{\beta}$与方向值向量的关系式为

$$\boldsymbol{\beta} = \begin{bmatrix} -1 & 1 & 0 \\ 0 & -1 & 1 \end{bmatrix} \begin{bmatrix} L_1 \\ L_2 \\ L_3 \end{bmatrix} = \boldsymbol{K} \cdot \boldsymbol{L}$$

由于是等精度的独立观测，可设$\boldsymbol{Q}_{LL} = \boldsymbol{I}$，则角度向量$\boldsymbol{\beta}$的协因数阵

$$\boldsymbol{Q}_{\beta\beta} = \boldsymbol{K}\boldsymbol{Q}_{LL}\boldsymbol{K}^{\mathrm{T}} = \begin{bmatrix} 2 & -1 \\ -1 & 2 \end{bmatrix}$$

从本例可以看出，由独立观测的方向计算得出的相邻角度的协因数为-1.

3.2.2 非线性函数的广义传播律

我们知道，广义传播律实质上是协方差传播律与协因数传播律的统称. 在介绍协方差传播律与协因数传播律时，我们都是以观测值函数为线性函数为例进行介绍的，

而在实际测量工作中，我们往往还会遇到观测值的非线性函数，如三角高程测量计算高差的公式：$h = s\times\tan\alpha$，式中 s 为已知的水平距离，α 为竖直角观测值，所以 h 是观测值的非线性函数. 类似的例子可以举出很多，对于此类问题的协方差和协因数传播律，我们将在本小节进行探讨. 设有随机向量 $\underset{t\times1}{\boldsymbol{X}}$ 的非线性函数

$$\underset{t\times1}{\boldsymbol{Y}} = F(\underset{t\times1}{\boldsymbol{X}})$$

或写为

$$\boldsymbol{Y} = F(\boldsymbol{X}_1,\boldsymbol{X}_2,\cdots,\boldsymbol{X}_t)$$

已知其协方差阵 $\boldsymbol{D}_{XX}$，需求 $\boldsymbol{Y}$ 的方差 σ_Y^2.

对于非线性函数的方差计算，必须先将函数线性化. 其做法是：

设 $\boldsymbol{X}$ 的近似值为 $\underset{t\times1}{\boldsymbol{X}^0}$，即

$$\underset{t\times1}{\boldsymbol{X}^0} = [\boldsymbol{X}_1^0,\boldsymbol{X}_2^0,\cdots,\boldsymbol{X}_t^0]^{\mathrm{T}}$$

则可将 $\underset{t\times1}{\boldsymbol{Y}} = F(\underset{t\times1}{\boldsymbol{X}})$ 函数式在 $\boldsymbol{X}^0$ 处按泰勒级数展开，得

$$\boldsymbol{Y} = F(\boldsymbol{X}_1^0,\boldsymbol{X}_2^0,\cdots,\boldsymbol{X}_t^0)+\left(\frac{\partial F}{\partial \boldsymbol{X}_1}\right)_0(\boldsymbol{X}_1-\boldsymbol{X}_1^0)+\cdots+\left(\frac{\partial F}{\partial \boldsymbol{X}_t}\right)_0(\boldsymbol{X}_t-\boldsymbol{X}_t^0)+\text{（二次以上项）}$$

略去二次以上项，得线性化函数式为

$$\boldsymbol{Y} = \boldsymbol{Y}^0+\left.\frac{\partial F}{\partial \boldsymbol{X}}\right|_{\boldsymbol{X}^0}(\boldsymbol{X}-\boldsymbol{X}^0)$$

式中

$$\boldsymbol{Y}^0 = F(\boldsymbol{X}^0) = F(\boldsymbol{X}_1^0,\boldsymbol{X}_2^0,\cdots,\boldsymbol{X}_t^0)$$

$$\left.\frac{\partial F}{\partial \boldsymbol{X}}\right|_{\boldsymbol{X}^0} = \left[\frac{\partial F}{\partial \boldsymbol{X}_1},\frac{\partial F}{\partial \boldsymbol{X}_2},\cdots,\frac{\partial F}{\partial \boldsymbol{X}_t}\right]_{\boldsymbol{X}^0}$$

若令

$$\boldsymbol{Y}-\boldsymbol{Y}^0 = \mathrm{d}\boldsymbol{Y},\boldsymbol{X}-\boldsymbol{X}^0 = \mathrm{d}\boldsymbol{X},\left.\frac{\partial F}{\partial \boldsymbol{X}}\right|_{\boldsymbol{X}^0} = \boldsymbol{F}$$

由于 $\boldsymbol{Y}^0$，$\boldsymbol{X}^0$ 均为非随机变量，依协方差传播律有

$$\boldsymbol{D}_{\mathrm{d}Y} = \boldsymbol{D}_Y,\boldsymbol{D}_{\mathrm{d}X} = \boldsymbol{D}_X$$

可改写为

$$\mathrm{d}\boldsymbol{Y} = \boldsymbol{F}\mathrm{d}\boldsymbol{X}$$

上式为全微分式，应用广义传播律得

$$\boldsymbol{D}_{YY}=\boldsymbol{F}\boldsymbol{D}_{XX}\boldsymbol{F}^{\mathrm{T}}, \quad \boldsymbol{Q}_{YY}=\boldsymbol{F}\boldsymbol{Q}_{XX}\boldsymbol{F}^{\mathrm{T}}$$

由上式可知，非线性函数的广义传播律是先将其全微分得到线性化函数式，然后用线性函数的广义传播律方法求得.

如果有 r 个非线性函数

$$\underset{r\times1}{\boldsymbol{Y}}=[F_1(\boldsymbol{X}),F_2(\boldsymbol{X}),\cdots,F_r(\boldsymbol{X})]^{\mathrm{T}}$$

线性化，得

$$\underset{r\times1}{\mathrm{d}\boldsymbol{Y}}=\underset{r\times t}{\boldsymbol{F}}\underset{t\times1}{\mathrm{d}\boldsymbol{X}}$$

式中

$$\mathrm{d}\boldsymbol{Y}=\boldsymbol{Y}-\boldsymbol{Y}^0,\ \mathrm{d}\boldsymbol{X}=\boldsymbol{X}-\boldsymbol{X}^0$$

$$\boldsymbol{F}=\begin{bmatrix}\dfrac{\partial F_1}{\partial \boldsymbol{X}_1} & \dfrac{\partial F_1}{\partial \boldsymbol{X}_2} & \cdots & \dfrac{\partial F_1}{\partial \boldsymbol{X}_t}\\ \dfrac{\partial F_2}{\partial \boldsymbol{X}_1} & \dfrac{\partial F_2}{\partial \boldsymbol{X}_2} & \cdots & \dfrac{\partial F_2}{\partial \boldsymbol{X}_t}\\ \vdots & \vdots & & \vdots\\ \dfrac{\partial F_r}{\partial \boldsymbol{X}_1} & \dfrac{\partial F_r}{\partial \boldsymbol{X}_2} & \cdots & \dfrac{\partial F_r}{\partial \boldsymbol{X}_t}\end{bmatrix}$$

则其方差阵为

$$\underset{r\times r}{\boldsymbol{D}_{YY}}=\boldsymbol{F}\boldsymbol{D}_{XX}\boldsymbol{F}^{\mathrm{T}}$$

协因数阵为

$$\underset{r\times r}{\boldsymbol{Q}_{YY}}=\boldsymbol{F}\boldsymbol{Q}_{XX}\boldsymbol{F}^{\mathrm{T}}$$

【例 6】 如图 3.3 所示，A 为已知点，T_0 为 AB 方向的方位角，其方差为 $1.0('')^2$，观测角 β 的方差为 $4.0('')^2$. AB 两点边长 S 的观测值为 600(m)，方差为 $0.5(\mathrm{cm}^2)$，试求 C 点的点位精度.

解 （方法 1） 由 C 点的坐标方差求点位方差.

（1）列出函数式：

$$X_C=X_A+S\cdot\cos(T_0+\beta),$$

$$Y_C=Y_A+S\cdot\sin(T_0+\beta)$$

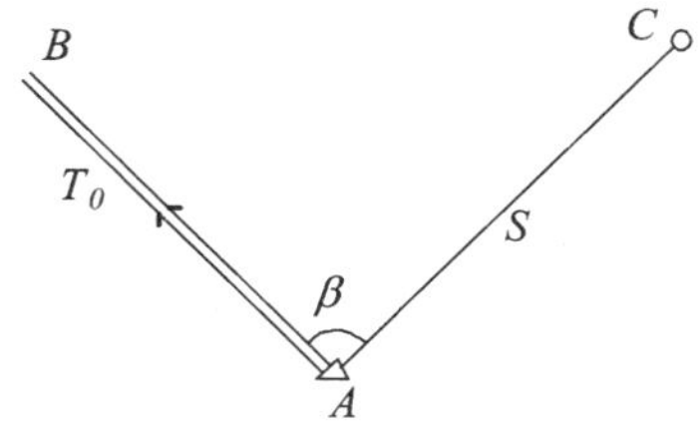

图 3.3 支导线

（2）线性化，对上式求全微分得

$$\mathrm{d}X_C=\cos T\mathrm{d}S-\Delta Y\mathrm{d}T_0/\rho-\Delta Y\mathrm{d}\beta/\rho=\begin{bmatrix}\cos T & -\Delta Y/\rho & -\Delta Y/\rho\end{bmatrix}\begin{bmatrix}\mathrm{d}S & \mathrm{d}T_0 & \mathrm{d}\beta\end{bmatrix}^{\mathrm{T}}$$

$$\mathrm{d}Y_C=\sin T\mathrm{d}S+\Delta X\mathrm{d}T_0/\rho+\Delta X\mathrm{d}\beta/\rho=\begin{bmatrix}\sin T & \Delta X/\rho & \Delta X/\rho\end{bmatrix}\begin{bmatrix}\mathrm{d}S & \mathrm{d}T_0 & \mathrm{d}\beta\end{bmatrix}^{\mathrm{T}}$$

（3）计算坐标方差$\sigma_{X_C}^2,\sigma_{Y_C}^2$．设$\boldsymbol{X}=[S \quad T_0 \quad \beta]^{\mathrm{T}}$，由题意得

$$\boldsymbol{D_X}=\begin{bmatrix}0.5 & & \\ & 1 & \\ & & 4\end{bmatrix}$$

按协方差传播律，得

$$\sigma_{X_C}^2=[\cos T \quad -\Delta Y/\rho \quad -\Delta Y/\rho]\begin{bmatrix}0.5 & & \\ & 1 & \\ & & 4\end{bmatrix}\begin{bmatrix}\cos T \\ -\Delta Y/\rho \\ -\Delta Y/\rho\end{bmatrix}$$

$$=0.5\cos^2 T+5\Delta Y^2/\rho^2$$

同理得

$$\sigma_{Y_C}^2=0.5\sin^2 T+5\Delta X^2/\rho^2$$

则点位方差为

$$\sigma_C^2=\sigma_{X_C}^2+\sigma_{Y_C}^2=0.5(\sin^2 T+\cos^2 T)+\frac{5}{\rho^2}(\Delta X^2+\Delta Y^2)$$

$$=0.5+5/\rho^2\cdot S^2=0.95\ (\mathrm{cm}^2)$$

或

$$\sigma_C=0.97\ (\mathrm{cm})$$

（方法 2） 由 C 点的纵向方差 σ_s^2 和横向方差 σ_u^2 计算 C 点的点位方差 σ_C^2．

（1）纵向方差．由题意知，$\sigma_s^2=0.5\ (\mathrm{cm}^2)$．

（2）横向方差．横向方差是由 AC 边的坐标方位角 T 的方差 σ_T^2 引起的，其关系式为 $\sigma_u^2=S^2\sigma_T^2/\rho^2$，因为 $T=T_0+\beta$，所以 $\sigma_T^2=\sigma_{T_0}^2+\sigma_\beta^2=1+4=5('')^2$，得横向方差

$$\sigma_u^2=S^2\sigma_T^2/\rho^2=(6\times10^4)^2\times5/(2\times10^5)^2=0.45\ (\mathrm{cm}^2)$$

则 C 点的点位方差为

$$\sigma_C^2=\sigma_s^2+\sigma_u^2=0.95\ (\mathrm{cm}^2)$$

3.3　广义传播律在测量中的应用

3.3.1　测量中常用的定权方法

本章前面对权的概念进行了详细的介绍，本节将借助广义传播律对测量平差中常用的定权方法进行探讨．

1. 水准测量

由图 3.4 知，A，B 两水准点间的高差 h_{AB} 等于各测站的高差之和，即

$$h_{AB}=h_1+h_2+\cdots+h_N$$

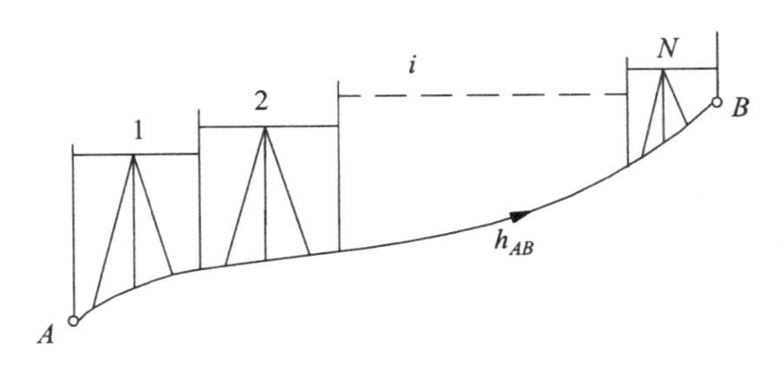

图 3.4 水准测量

设各测站的观测高差是等精度的独立观测值，方差均为 σ^2. 由于是独立观测，故 $\sigma_{ij}=0$，所以按协方差传播律得

$$\sigma_{AB}^2=\sigma^2+\sigma^2+\cdots+\sigma^2=N\sigma^2 \quad 或 \quad \sigma_{AB}=\sqrt{N}\sigma$$

设有 n 条水准路线的水准网，每条线路上的测站数为 N_1，N_2，…，N_n. 在等精度独立观测的情况下，各条线路的观测高差的方差为

$$\sigma_i^2=N_i\sigma^2 \quad (i=1,2,\cdots,n)$$

若取 C 个测站的水准高差的方差为单位权方差，即 $\sigma_0^2=c\sigma^2$，则各线路观测高差的权为

$$P_i=\sigma_0^2/\sigma_i^2=c/N_i \quad (i=1,2,\cdots,n) \tag{3.1}$$

上式表明，当各测站的观测精度相同时，各路线的权与测站数成反比.

在平坦地区，每一测站的距离 s 基本相等，设第 i 段路线的距离为 S_i，那么测站数为 $N_i=S_i/s$，代入式（3.1）得

$$\sigma_i^2=\frac{S_i}{s}\sigma^2=S_i/(1/s)\sigma^2$$

上式中，若 $1/s$ 为 1 km 水准线路上的测站数，令

$$(1/s)\sigma^2=N_{\mathrm{km}}\sigma^2=\sigma_{\mathrm{km}}^2$$

则上式可改写成

$$\sigma_i^2=S_i\sigma_{\mathrm{km}}^2$$

若取 C km 的水准观测高差的方差为单位权方差，即

$$\sigma_0^2 = c\sigma_{\text{km}}^2$$

则依距离定权的公式，得

$$P_i = \sigma_0^2 / \sigma_i^2 = c / S_i \quad (i = 1, 2, \cdots, n)$$

上式表明，当每公里观测高差的精度相同时，水准线路观测高差的权与该线路的长度成反比.

在水准测量实际工作中，一般来说，我们可以按照以下原则来定权：若布设的水准网在平原地区，由于每千米的测站数大致相等，可以按水准线路的长度定权；而若布设的水准网在起伏较大的丘陵地区或山区，由于每千米的测站数相差可能会较大，则应按水准线路的测站数定权.

【例 7】 在水准网中，各水准线路的长度分别为

$$S_1 = 2.0\ (\text{km}),\ S_2 = 2.0\ (\text{km}),\ S_3 = 3\ (\text{km}),\ S_4 = 3(\text{km})$$

$$S_5 = 4\ (\text{km}),\ S_6 = 4\ (\text{km}),\ S_7 = 2.5\ (\text{km}),\ S_8 = 1.5\ (\text{km})$$

试测定各线路观测高度的权.

解 设取 4km 的观测高差为单位权观测，得

$$p_1 = 2, \quad p_2 = 2, \quad p_3 = 1.3, \quad p_4 = 1.3,$$
$$p_5 = 1, \quad p_6 = 1, \quad p_3 = 1.6, \quad p_4 = 2.7$$

2. 距离丈量

用长度为 s 的钢尺丈量距离，丈量 N 个尺段后，其全长为

$$S = s_1 + s_2 + \cdots + s_N$$

若每一尺段的距离均为等高精度的独立观测值，其方差为 σ^2，依相关公式得全长的方差为 $\sigma_i^2 = N\sigma^2$，若有 n 条丈量距离，当每一尺段为等精度独立丈量时，其相应的方差为

$$\sigma_i^2 = N_i\sigma^2 \quad (i = 1, 2, \cdots, n)$$

与水准测量定权相类似，若取 $\sigma_0^2 = c\sigma^2$，则相应权为

$$P_i = \sigma_0^2 / \sigma_i^2 = c / N_i \quad (i = 1, 2, \cdots, n)$$

若单位长度（如 1 km）的测量方差为 σ_{km}^2，则长度为 S_i 的方差可表示如下：

$$\sigma_i^2 = S_i\sigma_{\text{km}}^2$$

当取 $\sigma_0^2 = c \cdot \sigma_{\text{km}}^2$ 时，则有定权公式

$$P_i = c / S_i$$

3. 三角高程测量

在图 3.5 中，两三角点间的高差计算公式为

$$h_{AB} = D\tan\gamma + i - l$$

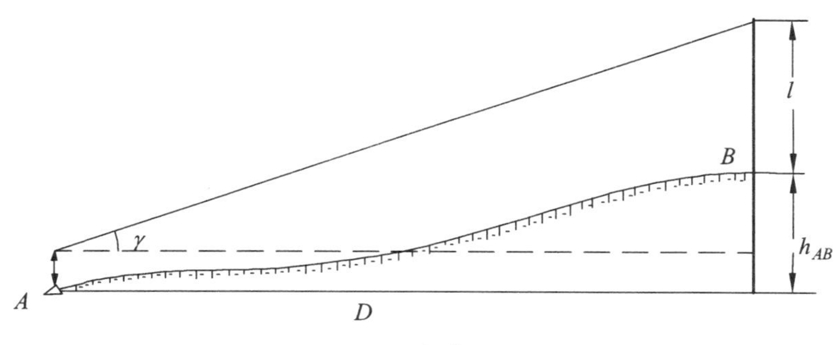

图 3.5　三角高程测量

式中：i，l 为仪器高和觇标高，它们可精确测量，视为无误差. 因此，对 D 和 γ 微分得

$$\mathrm{d}h_{AB} = \tan\gamma \mathrm{d}D + D\sec^2\gamma \mathrm{d}\gamma / \rho$$

边长 D 和高度角 γ 是独立进行测量的，因此两者的协方差为零. 按协方差传播律，得

$$\sigma_{AB}^2 = \tan^2\gamma\sigma_D^2 + (D\sec^2\gamma)^2\sigma_\gamma^2 / \rho^2$$

在实际中，由于高度角 γ 一般不会大于 5°，故 $\tan^2\gamma$ 很小，所以式中第一项相对第二项，可以忽略不计. 当 $\gamma < 5°$ 时，$\sec^2\gamma$ 趋于 1，在此情况下上式变为

$$\sigma_{AB}^2 = D^2\sigma_\gamma^2 / \rho^2$$

对于距离为 D_i 的三角高程测量，有 $\sigma_i^2 = D_i^2\sigma_\gamma^2 / \rho^2$. 若取 C（km）三角观测站高差的方差为单位权方差，即 $\sigma_0^2 = c^2\sigma_\gamma^2 / \rho^2$，则三角高程各观测高差的定权公式为

$$P_i = \sigma_0^2 / \sigma_i^2 = c^2 / D_i^2$$

由上式可见，三角高程观测高差之权与两三角点间的距离的平方成反比.

4. 等精度观测值的算术平均值

设对某待观测量进行 n 次等精度独立重复观测，该量的最佳估值就是 n 个观测值的算术平均值，即

$$\overline{\boldsymbol{L}} = [\boldsymbol{L}]/n = [1/n \quad 1/n \quad \cdots \quad 1/n]\boldsymbol{L}$$

式中 $\boldsymbol{L} = [L_1 \quad L_2 \quad \cdots \quad L_n]^{\mathrm{T}}$. 若观测值的方差为 σ^2，按协方差传播律，得算术值的方差

$$\sigma_L^2=[1/n \quad 1/n \quad \cdots \quad 1/n]\begin{bmatrix}\sigma^2 & & & \\ & \sigma^2 & & \\ & & \ddots & \\ & & & \sigma^2\end{bmatrix}\begin{bmatrix}1/n \\ 1/n \\ \vdots \\ 1/n\end{bmatrix}=\sigma^2/n$$

可见，算术值的方差 σ_L^2 比一次测量的方差 σ^2 小 n 倍. 若取一次测量的方差为单位权方差，即 $\sigma_0^2=\sigma^2$，即算术平均值的权为

$$P_L=\sigma_0^2/\sigma_L^2=n$$

由此可见，观测量算术平均值的权与该观测量重复测量的次数成正比.

3.3.2 由真误差计算方差估值的公式

1. 用不同精度的真误差计算单位权方差估值的公式

设有独立的非等精度观测值为 $L_1,L_2,\cdots,L_n$，其真误差为 $\Delta_1,\Delta_2,\cdots,\Delta_n$，权为 $P_1,P_2,\cdots,P_n$. 单位权方差与观测值方差有以下关系：

$$\sigma_i^2=\sigma_0^2/P_i \text{或} \hat{\sigma}_i^2=\hat{\sigma}_0^2/P_i$$

可见，只要设法导出单位权方差 $\hat{\sigma}_0^2$ 的估值公式，即可根据上式计算任一观测值的方差估值. 设 $L_i'=\sqrt{P_i}L_i$，其真误差的关系式为

$$\Delta_i'=\sqrt{P_i}\Delta_i$$

由协因数传播律，有 $\dfrac{1}{P'}=(\sqrt{P_i})^2\dfrac{1}{P_i}=1$，即 $P'=1$. 可见，L_i' 为单位权观测值，Δ_i' 为单位权观测值的真误差. 因此，单位权方差的估值为

$$\hat{\sigma}_0^2=\frac{[\Delta'\Delta']}{n}$$

将 $\Delta_i'=\sqrt{P_i}\Delta_i$ 代入上式，则单位权方差估值的计算公式为

$$\hat{\sigma}_0^2=\frac{[P\Delta\Delta]}{n} \quad \text{或} \quad \hat{\sigma}_0=\sqrt{\frac{[P\Delta\Delta]}{n}}$$

上式即用非等精度观测的真误差计算单位权方差估值的公式.

2. 由三角形闭合差计算测角方差估值的公式

对于平面三角形而言，其内角之和的理论值为 180°. 因此，对三角形的三个内角进行测量，三角形闭合差实为三角形内角和的真误差. 当等精度观测三角网中的每一

个角度时，则计算出的三角形三内角和也是等精度的，其差也是等精度的. 由方差定义式可写出三角形的三内角和的方差估值为

$$\hat{\sigma}_{\Sigma}^{2}=\frac{[\omega\omega]}{n}$$

式中：ω_i 为第 i 个三角形的闭合差；n 为同等级三角网中三角形的总数.

设 $\sum_i$ 为第 i 个三角形三内角之和，即

$$\sum_i=\beta_{i1}+\beta_{i2}+\beta_{i3}\quad(i=1,2,\cdots,n)$$

若每一个角度观测值的方差为 σ^2，则依协方差传播律得

$$\sigma_{\Sigma}^{2}=3\sigma^{2}\quad\text{或}\quad\sigma^{2}=\sigma_{\Sigma}^{2}/3$$

将三角形三内角和的方差估值公式代入上式，由三角形闭合差计算测角方差估值的公式为

$$\hat{\sigma}^{2}=\frac{[\omega\omega]}{3n}\quad\text{或}\quad\hat{\sigma}=\sqrt{\frac{[\omega\omega]}{3n}}$$

这就是测量中著名的菲列罗公式. 该公式主要是在三角测量中，用以初步评定测角精度是否满足各等级三角测量的规范要求.

3. 由水准环线高差闭合差计算水准测量单位权方差估值的公式

在水准测量中，水准环线的所有测段高差之和的理论值应为零，所以与三角形闭合差相似，水准环线的高差闭合差则是环中所有测段高差之和的真误差. 由于各个水准环线的长短不一，对于各个水准环线而言，它们的观测高差是不等精度的.

设水准环线的闭合差为 ω_i，环线长为 R_i (km)，水准网共有 N 个环，即 $i=1,2,\cdots,N$. 设以 1 (km) 水准观测高差为单位权观测值，则每一环线高差观测值之权为 $1/R_i$，根据水准测量方差计算公式，单位权（每公里观测值）方差估值的公式为

$$\hat{\sigma}_{\mathrm{km}}^{2}=\frac{1}{N}\frac{[\omega\omega]}{R}\quad\text{或}\quad\hat{\sigma}_{\mathrm{km}}=\sqrt{\frac{1}{N}\frac{[\omega\omega]}{R}}$$

由于水准网中相邻环的测量高差之间并不完全相互独立，因此上式是一近似估算公式.

4. 由双观测值之差计算单位权方差估值的公式

在测量工作中，通常要对一系列观测量进行成对观测，将两次观测值的中值 $(L_i'+L_i'')/2$ 作为最终观测值，如在水准测量、丈量距离等测量工作中，往往采用对同一段线路的高差或边长做往返观测的施测方案，测量中通常称之为双观测. 如果测量无误差，往返观测值的差应等于零. 其观测中含有误差时，则往返观测的

差值为

$$L_i' - L_i'' = d_i$$

可知，d_i 为第 i 段双观测值的真误差．现有双观测列的值为

$$L_1', L_2', \cdots, L_n', \quad L_1'', L_2'', \cdots, L_n''$$

通常在每一段的往测值和返测值的精度都是相等的，设其权为 P_i，则双观测列的权为 $P_1, P_2, \cdots, P_n$．为了求单位权方差估值的公式，先求出 d_i 的权，依协因数传播律有

$$\frac{1}{P_i} + \frac{1}{P_i} = \frac{1}{P_{d_i}} \quad 或 \quad P_{d_i} = P_i / 2$$

根据单位取方差计算式，单位权方差估值的公式为

$$\hat{\sigma}_0^2 = \frac{\left[P_d \cdot dd\right]}{n} = \frac{\left[Pdd\right]}{2n}$$

有了单位权方差后，对任何量的方差均可求出．例如，为求得第 i 段往返观测值中值的方差估值，先求出 $(L_i' + L_i'')/2$ 的权为 $2P_i$，则方差的估值为

$$\hat{\sigma}_i^2 = \frac{\hat{\sigma}_0^2}{2P_i} = \frac{\left[Pdd\right]}{4nP_i}$$

【例 8】 设同等级水准测量中共测定 10 段高差，每段各测 2 次，其结果见表 3.1．试求：

（1）每千米观测高差的方差．

（2）第 5 段观测高差的方差及高差平均值的方差．

（3）全长一次观测（往测和返测）高差的方差及全长高差平均值的方差．

表 3.1　测量数据

段号	高差/m		$d_i = L_i' - L_i''$	$d_i d_i$	距离 S/km	$P_i d_i d_i = \frac{d_i d_i}{S_i}$
	L_i'	L_i''				
1	+5.806	+5.801	+5	25	4.0	6.25
2	+3.432	+3.438	− 6	36	3.8	9.47
3	+1.440	+1.444	− 4	16	2.2	1.27
4	− 4.887	− 4.890	− 3	9	3.0	3.00
5	+6.188	+6.185	+3	9	3.3	2.73
6	+0.774	+0.776	− 2	4	2.5	1.60
7	+8.864	+8.868	− 4	16	3.0	5.33
8	− 4.446	− 4.451	+5	25	4.5	5.56
9	+2.233	+2.237	− 4	16	3.4	4.71
10	+9.002	+8.999	+3	9	2.8	3.21
[ ]					32.5	43.13

解 令 $C=1$，即令 1 km 观测高差为单位权观测值.

（1）单位权（每千米观测高差）方差为

$$\hat{\sigma}_0^2=\hat{\sigma}_{\text{km}}^2=\frac{[Pdd]}{2n}=\frac{43.13}{2\times 10}=2.16\ (\text{mm}^2)\quad 或\quad \hat{\sigma}_0=1.47\ (\text{mm})$$

（2）第 5 段观测高差的方差为

$$\hat{\sigma}_5^2=\hat{\sigma}_0^2/P_5=\hat{\sigma}_0^2 S_5=2.16\times 3.3=7.13\ (\text{mm}^2)\quad 或\quad \hat{\sigma}_5=2.67\ (\text{mm})$$

（3）第 5 段高差平均值的方差为

$$\hat{\sigma}_{x_5}^2=\hat{\sigma}_5^2/2=7.13/2=3.57\ (\text{mm}^2)\quad 或\quad \hat{\sigma}_{x_5}=1.89\ (\text{mm})$$

（4）全长一次观测高差的方差为

$$\hat{\sigma}_S^2=\hat{\sigma}_0^2[S]=2.16\times 32.5=70.2\ (\text{mm}^2)\quad 或\quad \hat{\sigma}_S=8.38\ (\text{mm})$$

（5）全长高差平均值的方差为

$$\hat{\sigma}_{x_S}^2=\hat{\sigma}_S^2/2=70.2/2=35.1\ (\text{mm}^2)\quad 或\quad \hat{\sigma}_{x_S}=5.92\ (\text{mm})$$

3.3.3 若干独立误差的联合影响

观测结果同时受到许多独立误差的联合影响，这种情况在测量工作中会经常遇到. 例如，测量角度时观测结果同时受到照准误差、读数误差、仪器对中误差、目标偏心误差的联合影响. 在这种情况下，观测值的真误差是各个独立误差的代数和，即

$$\Delta=\Delta_1+\Delta_2+\cdots+\Delta_k$$

这些误差是彼此独立的，且为随机性的，因此，根据协方差传播律，它们之间的方差关系式为

$$\sigma^2=\sigma_1^2+\sigma_2^2+\cdots+\sigma_k^2$$

即观测结果的方差 σ^2 等于各独立误差对应的方差之和.

【例 9】 设用两角规在图上截取距离，若已知两个角规的对点中误差均为 $\sigma=0.05$ (mm)，试求图上量距的方差.

解 设两个角规的对点真误差分别为 Δ_1，Δ_2，则图上量距的误差为

$$\Delta_s=\Delta_1+\Delta_2$$

按公式，得图上量距的方差

$$\sigma_s^2=\sigma_1^2+\sigma_2^2=2\sigma^2=2\times 0.05^2=0.005\ (\text{mm}^2)\quad 或\quad \sigma_s=0.07\ (\text{mm})$$

3.3.4 等影响原则

当已知某函数中随机自变量的方差，而想求得函数值的方差时，我们可以借助前面学习的协方差传播律来进行求解. 而在实际工程中，有时会遇到相反的问题. 比如，在给定模型函数式 $Y=f(X)$ 及函数值的精度 σ_Y^2，为保证达到工程精度 σ_Y^2 的要求，如何分配确定函数中各自变量的施测精度. 工程测量中，通常使用等影响原则来解决此类问题.

设已知函数式 $\underset{t\times1}{\boldsymbol{Y}}=f(\underset{t\times1}{\boldsymbol{X}})$ 及其要求的精度 $\sigma_{\boldsymbol{Y}}^2$. 依协方差传播律公式有 $\sigma_{\boldsymbol{Y}}^2=\boldsymbol{F}\boldsymbol{D}_X\boldsymbol{F}^{\mathrm{T}}$，当随机向量 $\underset{t\times1}{\boldsymbol{X}}$ 中的元数彼此独立时，上式用纯量表示为

$$\sigma_{\boldsymbol{Y}}^2=(\partial f/\partial X_1)_0^2\sigma_1^2+(\partial f/\partial X_2)_0^2\sigma_2^2+\cdots+(\partial f/\partial X_t)_0^2\sigma_t^2$$

所谓等影响原则，是令

$$(\partial f/\partial X_1)_0^2\sigma_1^2=(\partial f/\partial X_2)_0^2\sigma_2^2=\cdots=(\partial f/\partial X_t)_0^2\sigma_t^2=\sigma_{\boldsymbol{Y}}^2/t$$

或

$$\left|(\partial f/\partial X_1)_0\sigma_1\right|=\left|(\partial f/\partial X_2)_0\sigma_2\right|=\cdots=\left|(\partial f/\partial X_t)_0\sigma_t\right|=\left|\sigma_{\boldsymbol{Y}}/\sqrt{t}\right|$$

依上式，可以根据给定的函数形式和函数精度要求 $\sigma_{\boldsymbol{Y}}^2$，计算出各自变量 X_i 的精度允许值 σ_i^2，并依此来组织测量工作. 这在简单的工程测量设计中很有用处.

第 4 章

平差数学模型与最小二乘原理

4.1　测量平差概述

4.1.1　测量平差的数学模型

当测量系统中含有多余观测时，观测值的真值之间就会产生某种函数关系，这种函数关系可以看作对自然现象的描述. 当用观测值代替真值时，这种函数关系就会指示观测误差的累积程度，我们把这种函数关系称为函数模型. 测量平差是处理与观测值相关的问题，而观测误差是随机量，因此平差模型不仅仅考虑函数关系，还需要考虑随机模型. 测量平差中，函数模型和随机模型统称数学模型.

测量平差计算时，首先要建立平差的数学模型，即函数模型和随机模型.

（1）函数模型，是指观测值以及待定参数之间的数学函数关系模型. 它通常包括观测值的数学期望之间的函数关系，观测值与待定参数的数学期望之间的函数关系，待定参数的数学期望之间的函数关系.

（2）随机模型，是指描述观测值的先验精度及其相互间统计关系性质的模型，通常用观测值的方差-协方差阵来表示.

例如，如图 4.1 所示，为了确定一个平面三角形的形状，观测了三角形的三个内角，得观测值向量 $\boldsymbol{L}$，$\boldsymbol{L}=\begin{bmatrix}L_1 & L_2 & L_3\end{bmatrix}^{\mathrm{T}}$，假设为等精度独立观测，其观测值方差均为 σ^2. 根据平面三角形的三内角和应等于 180°，则平差的数学模型可表示如下：

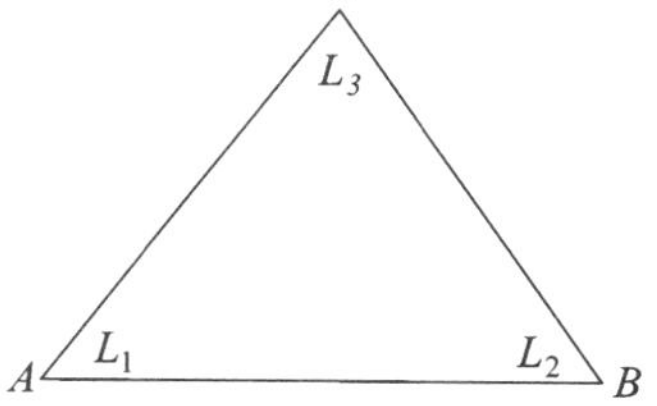

C
L_3
L_1
L_2
A
B

图 4.1　三角形内角观测示意图

函数模型：

已知 $\tilde{L}_1+\tilde{L}_2+\tilde{L}_3=180°$，有 $\tilde{L}_i=L_i+\Delta_i$，且 $E(\Delta_i)=0$，所以

$$E(L_1)+E(L_2)+E(L_3)-180°=0$$

随机模型：

$$\boldsymbol{D}_L=\boldsymbol{D}_\Delta=\sigma_0^2\boldsymbol{Q}$$

或写为

$$\boldsymbol{D}_L=\boldsymbol{D}_\Delta=diag(\sigma_1^2 \quad \sigma_2^2 \quad \sigma_3^2)=\sigma_0^2 diag(Q_1 \quad Q_2 \quad Q_3)$$

即

$$\boldsymbol{D}_L=\boldsymbol{D}_\Delta=\begin{bmatrix}\sigma_1^2 & & \\ & \sigma_2^2 & \\ & & \sigma_3^2\end{bmatrix}=\sigma_0^2\begin{bmatrix}Q_1 & & \\ & Q_2 & \\ & & Q_3\end{bmatrix}$$

这里，以确定三角形的形状为例，给出了一个简单的测量平差问题的函数模型和随机模型. 对于较复杂的测量平差问题，可类似地列出其函数模型和随机模型. 在后续应用中，我们会详细讨论.

4.1.2 必要观测和多余观测

在前面提到的例子中，为了确定三角形的形状，必须观测其中两个内角才能唯一确定. 这种能够唯一确定一个几何模型的必要的观测对象，称为必要观测量. 一个测量问题的必要观测量的个数，称为必要观测数，通常用 t 来表示. 可见，t 只与几何模型有关，与实际观测量无关.

显然，必要观测量之间必然是彼此独立的，即其中任何一个量都不能被表达成其余的必要观测量的函数. 若在必要观测的基础上，每增加一个观测量，观测中就有了一个多余观测. 在确定三角形的形状时，如果还观测了第三个内角，就有了一个多余观测. 增加一个多余观测量，将会使观测量真值之间产生一个几何或物理的约束方程，如

$$\tilde{L}_1+\tilde{L}_2+\tilde{L}_3=180°$$

上式就是由增加了一个多余观测而引起的观测量真值之间的几何条件方程式，在测量平差中被称为条件方程. 设观测值的总数为 n，必要观测数为 t，则多余观测数为 $r=n-t$，其中多余观测数 r 在数理统计中也被称为自由度. 一个测量问题中，如果有 r 个多余观测数，则必产生 r 个条件方程.

4.2 测量平差的函数模型

平差的数学模型包括随机模型和函数模型两类. 与一般的代数学中解方程只考虑函数模型不同，测量平差还要考虑随机模型，因为带有误差的观测值是一种随机变量，所以平差的数学模型同时包含函数模型和随机模型两部分，在研究任何平差方法时必须同时予以考虑，这是测量平差的主要特点. 下面介绍四大平差的数学模型.

4.2.1 条件平差法

以条件方程为函数模型的平差方法，称为条件平差法.

在具体测量问题中，实际观测次数为 n，必要观测次数为 t，则多余观测次数为 $r=n-t$，那么可建立 $r=n-t$ 个条件方程，即

$$F_i(\tilde{\boldsymbol{L}})=0 \quad (i=1,2,\cdots,r)$$

这里

$$\tilde{\boldsymbol{L}}=\begin{pmatrix}\tilde{L}_1\\ \tilde{L}_2\\ \vdots\\ \tilde{L}_n\end{pmatrix},\quad \boldsymbol{L}=\begin{pmatrix}L_1\\ L_2\\ \vdots\\ L_n\end{pmatrix},\quad \boldsymbol{\Delta}=\begin{pmatrix}\Delta_1\\ \Delta_2\\ \vdots\\ \Delta_n\end{pmatrix};\quad \tilde{\boldsymbol{L}}=\boldsymbol{L}+\boldsymbol{\Delta}$$

在线性方程的情况下，得

$$\underset{r\times n}{\boldsymbol{A}}\,\underset{n\times 1}{\tilde{\boldsymbol{L}}}+\underset{r\times 1}{\boldsymbol{A}_0}=\boldsymbol{0}$$

$$\underset{r\times n}{\boldsymbol{A}}\,\underset{n\times 1}{\boldsymbol{\Delta}}+\underset{r\times 1}{\boldsymbol{W}}=\boldsymbol{0},\quad \underset{r\times 1}{\boldsymbol{W}}=(\underset{r\times n}{\boldsymbol{A}}\,\underset{n\times 1}{\boldsymbol{L}}+\underset{r\times 1}{\boldsymbol{A}_0})$$

条件平差的自由度是多余观测数 $r=n-t$，即条件方程的个数.

【例 1】 如图 4.2 所示，已知 A 点高程 H_A，为了确定 B，C，D 三点的高程，观测了 6 段高差值 $h_1,h_2,\cdots,h_6$. 各段水准路线长度为 $S_1,S_2,\cdots,S_6$. 试建立条件平差时的函数模型（条件方程式）.

解 （1）由图 4.2 知，总观测数 $n=6$，必要观测数 $t=3$，则条件方程式个数为

$$r=n-t=6-3=3$$

当由已知点 A，确定 B，C，D 点的高程时，其必要观测量的个数为 3，如 $\tilde{h}_1,\tilde{h}_4,\tilde{h}_3$ 或 $\tilde{h}_1,\tilde{h}_2,\tilde{h}_6$ 或 $\tilde{h}_4,\tilde{h}_5,\tilde{h}_6$ 等均可，只要已知任一组的 3 个必要观测，就可唯一（不顾及测量误差影响）地确定 B，C，D 三个点的高程了.

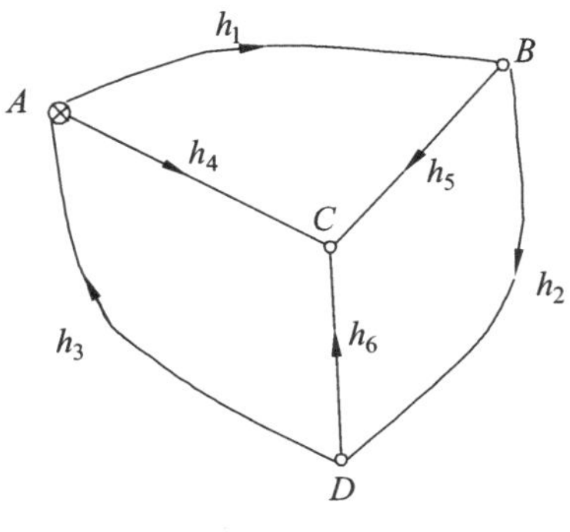

图 4.2 水准网

（2）在必要观测的基础上，每增加一个多余观测，则产生一个条件方程式，选择第三组的 $\tilde{h}_4$，$\tilde{h}_5$，$\tilde{h}_6$ 为必要观测量，如图 4.3 所示.

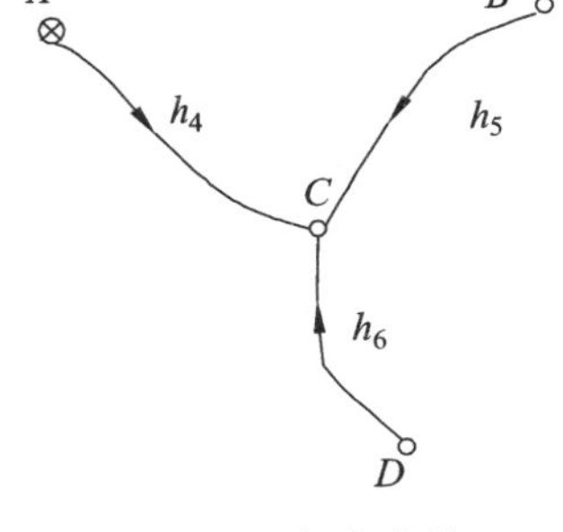

图 4.3　水准路线

当增加了多余观测量 h_1 时，产生 $\tilde{h}_1+\tilde{h}_5-\tilde{h}_4=0$ 条件式；

当增加了多余观测量 h_2 时，产生 $\tilde{h}_2+\tilde{h}_6-\tilde{h}_5=0$ 条件式；

当增加了多余观测量 h_3 时，产生 $\tilde{h}_3+\tilde{h}_4-\tilde{h}_6=0$ 条件式.

可见，每一个多余观测量，都产生一个独立的约束方程（即条件方程式）. 对于选择其他的作为必要的观测组量，如 $\tilde{h}_1$、$\tilde{h}_4$、$\tilde{h}_3$ 或 $\tilde{h}_1$、$\tilde{h}_2$、$\tilde{h}_6$，可用同样的方法分析，列出相应的条件方程式.

(3)根据图 4.3，应列出 3 个函数独立的条件方程式：

$$
\begin{aligned}
\tilde{h}_1 \qquad\qquad -\tilde{h}_4+\tilde{h}_5 \qquad &=0\\
\tilde{h}_2 \qquad\qquad -\tilde{h}_5+\tilde{h}_6 &=0\\
\tilde{h}_3+\tilde{h}_4 \qquad -\tilde{h}_6 &=0
\end{aligned}
$$

矩阵形式为

$$\underset{3\times6}{\boldsymbol{A}}\,\underset{6\times1}{\tilde{\boldsymbol{h}}}+\underset{3\times1}{\boldsymbol{A}_0}=\boldsymbol{0}$$

其中

$$\tilde{\boldsymbol{h}}=\begin{bmatrix}\tilde{h}_1 & \tilde{h}_2 & \tilde{h}_3 & \tilde{h}_4 & \tilde{h}_5 & \tilde{h}_6\end{bmatrix},\quad \boldsymbol{A}_0=[0\quad 0\quad 0]^{\mathrm{T}}$$

$$\underset{3\times6}{\boldsymbol{A}}=\begin{bmatrix}1 & 0 & 0 & -1 & 1 & 0\\ 0 & 1 & 0 & 0 & -1 & 1\\ 0 & 0 & 1 & 1 & 0 & -1\end{bmatrix}$$

显然，条件式的形式不是唯一的，但必须是线性无关的.

4.2.2　间接平差法

选择几何模型中 t 个独立量为平差的参数，将每一个观测量表达成所选参数的函数，即列出 n 个这种函数关系式，以此为平差的函数模型，称为间接平差法，又称参数平差法.

在具体测量问题中，实际观测次数为 n，必要观测次数为 t，则多余观测次数为 $r=n-t$. 选择 t 个函数独立的参数 $(\tilde{X}_1,\tilde{X}_2,\cdots,\tilde{X}_t)$ 后，有

$$\underset{n\times1}{\tilde{\boldsymbol{L}}}=\boldsymbol{F}(\tilde{\boldsymbol{X}})$$

这里

$$\underset{t\times1}{\tilde{\boldsymbol{X}}}=\begin{pmatrix}\tilde{X}_1\\ \tilde{X}_2\\ \vdots\\ \tilde{X}_t\end{pmatrix};\quad \tilde{\boldsymbol{L}}=\begin{pmatrix}\tilde{L}_1\\ \tilde{L}_2\\ \vdots\\ \tilde{L}_n\end{pmatrix},\quad \boldsymbol{L}=\begin{pmatrix}L_1\\ L_2\\ \vdots\\ L_n\end{pmatrix},\quad \boldsymbol{\Delta}=\begin{pmatrix}\Delta_1\\ \Delta_2\\ \vdots\\ \Delta_n\end{pmatrix};\quad \tilde{\boldsymbol{L}}=\boldsymbol{L}+\boldsymbol{\Delta}$$

线性情况下，得

$$\underset{n\times1}{\tilde{\boldsymbol{L}}}=\underset{n\times t}{\boldsymbol{B}}\underset{t\times1}{\tilde{\boldsymbol{X}}}+\underset{n\times1}{\boldsymbol{d}}$$

$$\underset{n\times1}{\Delta}=\underset{n\times t}{\boldsymbol{B}}\underset{t\times1}{\tilde{\boldsymbol{X}}}-\underset{n\times1}{\boldsymbol{l}},\quad \underset{n\times1}{\boldsymbol{l}}=\underset{n\times1}{\boldsymbol{L}}-\underset{n\times1}{\boldsymbol{d}}$$

尽管间接平差法选取了 t 个函数独立的参数，但是多余观测数不随平差方法的不同而异，其自由度仍然是多余观测数 $r=n-t$．

【例 2】 如图 4.4 所示，已知 A 点高程 H_A，为了确定 B，C，D 三点的高程，观测了 6 段高差值 $h_1,h_2,\cdots,h_6$．各段水准路线长度为 $S_1,S_2,\cdots,S_6$．选择 B，C，D 三点的高程为未知数，即 $\tilde{H}_B=\tilde{X}_1$，$\tilde{H}_C=\tilde{X}_2$，$\tilde{H}_D=\tilde{X}_3$，则按间接平差建立模型步骤如下：

（1）函数模型（即观测方程式）：

$$\tilde{h}_1=\tilde{H}_B-H_A=\tilde{X}_1-H_A,\quad \tilde{h}_2=\tilde{H}_D-\tilde{H}_B=\tilde{X}_3-\tilde{X}_1$$

$$\tilde{h}_3=H_A-\tilde{H}_D=H_A-\tilde{X}_3,\quad \tilde{h}_4=\tilde{H}_C-H_A=\tilde{X}_2-H_A$$

$$\tilde{h}_5=\tilde{H}_C-\tilde{H}_B=\tilde{X}_2-\tilde{X}_1,\quad \tilde{h}_6=\tilde{H}_C-\tilde{H}_D=\tilde{X}_2-\tilde{X}_3$$

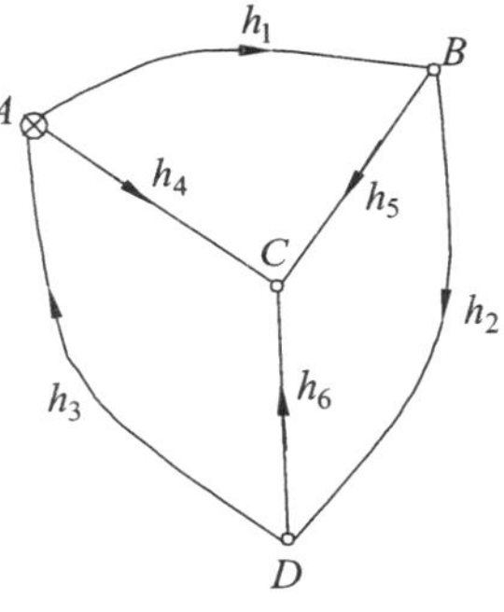

图 4.4 水准网示意图

令

观测量的真值向量为

$$\tilde{\boldsymbol{L}}=\begin{bmatrix}\tilde{h}_1 & \tilde{h}_2 & \tilde{h}_3 & \tilde{h}_4 & \tilde{h}_5 & \tilde{h}_6\end{bmatrix}^{\mathrm{T}}$$

系数阵 $\boldsymbol{B}$ 和常数项向量为

$$\boldsymbol{B}=\begin{bmatrix}1 & 0 & 0\\ -1 & 0 & 1\\ 0 & 0 & -1\\ 0 & 1 & 0\\ -1 & 1 & 0\\ 0 & 1 & -1\end{bmatrix},\qquad \boldsymbol{B}_0=\begin{bmatrix}-H_A\\ 0\\ H_A\\ -H_A\\ 0\\ 0\end{bmatrix}$$

未知数向量为

$$\tilde{\boldsymbol{X}}=\begin{bmatrix}\tilde{H}_B & \tilde{H}_C & \tilde{H}_D\end{bmatrix}^{\mathrm{T}}=\begin{bmatrix}\tilde{X}_1 & \tilde{X}_2 & \tilde{X}_3\end{bmatrix}^{\mathrm{T}}$$

则矩阵表示的观测方程为

$$\tilde{\boldsymbol{L}} = \boldsymbol{B}\tilde{\boldsymbol{X}} + \boldsymbol{B}_0$$

（2）平差的随机模型：由于各水准线路的高程测量是独立的，设 1 km 观测高差的权为单位权，根据测量常用定权的公式，可得到观测高差的权为

$$P_i = \frac{1}{S_i} \quad (i = 1, 2, \cdots, n)$$

于是，方差阵 $\boldsymbol{D}_L$ 为

$$\begin{aligned}\boldsymbol{D}_L &= diag(\sigma_1^2 \ \ \sigma_2^2 \ \ \sigma_3^2 \ \ \sigma_4^2 \ \ \sigma_5^2 \ \ \sigma_6^2) \\ &= \sigma_0^2 diag(Q_{h_1} \ \ Q_{h_2} \ \ Q_{h_3} \ \ Q_{h_4} \ \ Q_{h_5} \ \ Q_{h_6}) \\ &= \sigma_0^2 diag(S_1 \ \ S_2 \ \ S_3 \ \ S_4 \ \ S_5 \ \ S_6)\end{aligned}$$

其中 s_i 为测段 h_i 的线路长度.

可见，随机模型是可以根据观测条件在平差前得到的，或者说随机模型是与观测条件有关的，与所建立的函数模型无关的. 即同一个平差问题的随机模型与平差方法无关.

4.2.3 附有参数的条件平差法

在具体测量问题中，实际观测次数为 n，必要观测次数为 t，则多余观测次数为 $r = n - t$，那么可建立 $r = n - t$ 个条件方程. 现在又增设了 u 个函数独立的量作为参数一起进行平差，此时 $u < t$，每增加一个参数就增加一个条件方程. 以含有参数的条件方程作为平差的函数模型，称为附有参数的条件平差法.

一般而言，在具体平差问题中，观测次数为 n，必要观测次数为 t，则多余观测次数为 $r = n - t$，再增加 u 个独立参数，$0 < u < t$，那么共有 $c = r + u$ 个条件方程，一般形式是

$$\underset{c\times 1}{\boldsymbol{F}}(\tilde{\boldsymbol{L}}, \tilde{\boldsymbol{X}}) = \boldsymbol{0}$$

线性情况下，得

$$\underset{c\times n}{\boldsymbol{A}}\,\underset{n\times 1}{\tilde{\boldsymbol{L}}} + \underset{c\times u}{\boldsymbol{B}}\,\underset{u\times 1}{\tilde{\boldsymbol{X}}} + \underset{c\times 1}{\boldsymbol{A}_0} = \underset{c\times 1}{\boldsymbol{0}}$$

将 $\tilde{\boldsymbol{L}} = \boldsymbol{L} + \Delta$ 代入上式，得

$$\underset{c\times n}{\boldsymbol{A}}\,\underset{n\times 1}{\Delta} + \underset{c\times u}{\boldsymbol{B}}\,\underset{u\times 1}{\tilde{\boldsymbol{X}}} - \underset{c\times 1}{\boldsymbol{W}} = \underset{c\times 1}{\boldsymbol{0}}, \quad \boldsymbol{W} = -(\boldsymbol{AL} + \boldsymbol{A}_0)$$

此平差问题中，由于选取了 u 个函数独立的参数，方程总数由 r 个增加到 $c = r + u$ 个，故平差的自由度是 $r = c - u$.

【例 3】 如图 4.3 所示，若选择 C 点的高程为未知参数 X_C，其数学期望值表示为

$\tilde{X}_C$，则总的条件方程式个数为$c=3+1=4$，条件式的形式为

$$\tilde{h}_1-\tilde{h}_4+\tilde{h}_5=0$$

$$\tilde{h}_2-\tilde{h}_5+\tilde{h}_6=0$$

$$\tilde{h}_3-\tilde{h}_4+\tilde{h}_6=0$$

$$\tilde{h}_1-\tilde{X}_C+H_A=0$$

用矩阵式可表示为

$$\underset{4\times6}{\boldsymbol{A}}\ \underset{6\times1}{\tilde{\boldsymbol{h}}}+\underset{4\times1}{\boldsymbol{B}}\ \underset{1\times1}{\tilde{\boldsymbol{X}}}+\underset{4\times1}{\boldsymbol{A}_0}=\boldsymbol{0}$$

其中未知数向量为

$$\underset{1\times1}{\tilde{\boldsymbol{X}}}=\tilde{\boldsymbol{X}}_C$$

则系数矩阵为

$$\underset{4\times6}{\boldsymbol{A}}=\begin{bmatrix}1&0&0&-1&1&0\\0&1&0&0&-1&1\\0&0&1&1&0&-1\\0&0&0&1&0&0\end{bmatrix},\quad \underset{4\times1}{\boldsymbol{B}}=\begin{bmatrix}0\\0\\0\\-1\end{bmatrix}$$

常数项向量为

$$\underset{4\times1}{\boldsymbol{A}_0}=\begin{bmatrix}0\\0\\0\\H_A\end{bmatrix}$$

4.2.4 附有限制条件的间接平差法

如果进行间接平差，就要选择t个函数独立的参数为平差的参数，按每一个观测量与所选参数间的函数关系式，组成n个观测方程. 如果在平差问题中，不是选择t个而是选择$u>t$个参数，其中包含t个独立参数，则多选择的$s=u-t$个参数必然是t个函数独立的参数，亦即在u个参数之间存在着$s=u-t$个函数关系，它们用来约束参数之间应该满足的关系. 因此在选定$u>t$个参数进行间接平差时，除了n个观测方程，还要增加$s=u-t$个约束参数的条件方程，此平差方法称为附有限制条件的间接平差法.

一般而言，附有限制条件的间接平差法的方程为

$$\underset{n\times1}{\tilde{\boldsymbol{L}}}=\boldsymbol{F}(\underset{u\times1}{\tilde{\boldsymbol{X}}}),\quad u=t+s$$

$$\underset{s\times1}{\boldsymbol{\Phi}}(\underset{u\times1}{\tilde{\boldsymbol{X}}})=\boldsymbol{0}$$

线性形式的函数模型是

$$\underset{n\times1}{\tilde{\boldsymbol{L}}}=\underset{n\times u}{\boldsymbol{B}}\underset{u\times1}{\tilde{\boldsymbol{X}}}+\underset{n\times1}{\boldsymbol{d}}$$

$$\underset{s\times u}{\boldsymbol{C}}\underset{u\times1}{\tilde{\boldsymbol{X}}}-\underset{s\times1}{\boldsymbol{W}_x}=\underset{s\times1}{\boldsymbol{0}}$$

该平差问题的自由度是 $r=n-(u-s)$.

【例 4】 如图 4.1 所示，在确定三角形形状平差问题中，若选择了 $u=3>t$ 个未知数，令 $\angle A$，$\angle B$，$\angle C$ 分别为未知数 X_1，X_2，X_3，则附有限制条件的间接平差的函数模型为

$$\tilde{L}_1=\tilde{X}_1,\quad \tilde{L}_2=\tilde{X}_2,\quad \tilde{L}_3=\tilde{X}_3,\quad \tilde{X}_1+\tilde{X}_2+\tilde{X}_3-180^\circ=0$$

或表示为

$$\underset{3\times1}{\tilde{\boldsymbol{L}}}=\underset{3\times3}{\boldsymbol{B}}\underset{3\times1}{\tilde{\boldsymbol{X}}}+\underset{3\times1}{\boldsymbol{B}_0},\quad \underset{1\times3}{\boldsymbol{C}}=\underset{3\times1}{\tilde{\boldsymbol{X}}}+\underset{1\times1}{\boldsymbol{C}_0}=\boldsymbol{0}$$

其中

$$\underset{3\times1}{\tilde{\boldsymbol{L}}}=\begin{bmatrix}\tilde{L}_1 & \tilde{L}_2 & \tilde{L}_3\end{bmatrix}^{\mathrm{T}},\quad \underset{3\times1}{\tilde{\boldsymbol{X}}}=\begin{bmatrix}\tilde{X}_1 & \tilde{X}_2 & \tilde{X}_3\end{bmatrix}^{\mathrm{T}},$$

$$\underset{3\times3}{\boldsymbol{B}}=\begin{bmatrix}1&0&0\\0&1&0\\0&0&1\end{bmatrix},\quad \underset{1\times3}{\boldsymbol{C}}=[1\ \ 1\ \ 1],\quad \underset{3\times1}{\boldsymbol{B}_0}=[0\ \ 0\ \ 0]^{\mathrm{T}},\quad \underset{1\times1}{\boldsymbol{C}_0}=-180^\circ$$

4.3 函数模型的线性化

条件平差法：

$$F_i(\tilde{\boldsymbol{L}})\quad(i=1,2,\cdots,r),\quad n=t+r.$$

间接平差法：

$$\underset{n\times1}{\tilde{\boldsymbol{L}}}=\boldsymbol{F}(\underset{t\times1}{\tilde{\boldsymbol{X}}}),\quad n=t+r.$$

附有参数的条件平差法：

$$\underset{c\times1}{\boldsymbol{F}}(\tilde{\boldsymbol{L}},\tilde{\boldsymbol{X}})=\boldsymbol{0},\quad n=t+r,\quad c=r+u,\quad 0<u<t.$$

附有限制条件的间接平差法：

$$\begin{cases} \underset{n\times 1}{\tilde{\boldsymbol{L}}} = \boldsymbol{F}(\underset{u\times 1}{\tilde{\boldsymbol{X}}}) \\ \underset{s\times 1}{\boldsymbol{\Phi}}(\underset{u\times 1}{\tilde{\boldsymbol{X}}}) = \boldsymbol{0} \end{cases}, \quad n = t + r, \quad u = t + s.$$

如果平差的函数是非线性的，在平差之前就要进行线性化. 设有函数

$$\underset{c\times 1}{\boldsymbol{F}} = \underset{c\times 1}{\boldsymbol{F}}(\underset{n\times 1}{\tilde{\boldsymbol{L}}}, \underset{u\times 1}{\tilde{\boldsymbol{X}}})$$

为了进行线性化，设

$$\tilde{\boldsymbol{X}} = \boldsymbol{X}^0 + \tilde{\boldsymbol{x}}$$

同时考虑到

$$\tilde{\boldsymbol{L}} = \boldsymbol{L} + \Delta$$

其中要求 $\tilde{\boldsymbol{x}}$ 和 Δ 是微小量. 对非线性函数进行泰勒级数展开，只保留一阶项，于是

$$\boldsymbol{F} = \boldsymbol{F}(\boldsymbol{L} + \Delta, \boldsymbol{X}^0 + \tilde{\boldsymbol{x}}) = \boldsymbol{F}(\boldsymbol{L}, \boldsymbol{X}^0) + \left.\frac{\partial \boldsymbol{F}}{\partial \tilde{\boldsymbol{L}}}\right|_{\boldsymbol{L}, \boldsymbol{X}^0} \Delta + \left.\frac{\partial \boldsymbol{F}}{\partial \tilde{\boldsymbol{X}}}\right|_{\boldsymbol{L}, \boldsymbol{X}^0} \tilde{\boldsymbol{x}} + \cdots$$

若令

$$\underset{c\times n}{\boldsymbol{A}} = \left.\frac{\partial \boldsymbol{F}}{\partial \tilde{\boldsymbol{L}}}\right|_{\boldsymbol{L}, \boldsymbol{X}^0} = \begin{pmatrix} \frac{\partial F_1}{\partial \tilde{L}_1} & \frac{\partial F_1}{\partial \tilde{L}_1} & \cdots & \frac{\partial F_1}{\partial \tilde{L}_n} \\ \frac{\partial F_2}{\partial \tilde{L}_1} & \frac{\partial F_2}{\partial \tilde{L}_2} & \cdots & \frac{\partial F_2}{\partial \tilde{L}_n} \\ \vdots & \vdots & & \vdots \\ \frac{\partial F_c}{\partial \tilde{L}_1} & \frac{\partial F_c}{\partial \tilde{L}_2} & \cdots & \frac{\partial F_c}{\partial \tilde{L}_n} \end{pmatrix}_{\boldsymbol{L}, \boldsymbol{X}^0}$$

$$\underset{c\times u}{\boldsymbol{B}} = \left.\frac{\partial \boldsymbol{F}}{\partial \tilde{\boldsymbol{X}}}\right|_{\boldsymbol{L}, \boldsymbol{X}^0} = \begin{pmatrix} \frac{\partial F_1}{\partial \tilde{X}_1} & \frac{\partial F_1}{\partial \tilde{X}_2} & \cdots & \frac{\partial F_1}{\partial \tilde{X}_u} \\ \frac{\partial F_2}{\partial \tilde{X}_1} & \frac{\partial F_2}{\partial \tilde{X}_2} & \cdots & \frac{\partial F_2}{\partial \tilde{X}_u} \\ \vdots & \vdots & & \vdots \\ \frac{\partial F_c}{\partial \tilde{X}_1} & \frac{\partial F_c}{\partial \tilde{X}_2} & \cdots & \frac{\partial F_c}{\partial \tilde{X}_u} \end{pmatrix}_{\boldsymbol{L}, \boldsymbol{X}^0}$$

则函数 $\underset{c\times 1}{\boldsymbol{F}}$ 的线性形式是

$$\underset{c\times 1}{\boldsymbol{F}} = \boldsymbol{F}(\boldsymbol{L}, \boldsymbol{X}^0) + \underset{c\times n}{\boldsymbol{A}}\underset{n\times 1}{\Delta} + \underset{c\times u}{\boldsymbol{B}}\underset{u\times 1}{\tilde{\boldsymbol{x}}}$$

对于条件平差法：

$$\underset{r\times 1}{\boldsymbol{F}}(\tilde{\boldsymbol{L}}) = \boldsymbol{0}, \quad n = t + r.$$

$$\underset{r\times1}{\boldsymbol{F}}=\boldsymbol{F}(\boldsymbol{L})+\underset{r\times n}{\boldsymbol{A}}\underset{n\times1}{\boldsymbol{\Delta}}=\underset{r\times1}{\boldsymbol{0}}$$

$$\underset{r\times n}{\boldsymbol{A}}\underset{n\times1}{\boldsymbol{\Delta}}-\boldsymbol{W}=\underset{r\times1}{\boldsymbol{0}},\quad \boldsymbol{W}=-\boldsymbol{F}(\boldsymbol{L})$$

对于间接平差法：

$$\underset{n\times1}{\tilde{\boldsymbol{L}}}=\boldsymbol{F}(\underset{t\times1}{\tilde{\boldsymbol{X}}}),\quad n=t+r.$$

$$\underset{n\times1}{\tilde{\boldsymbol{L}}}=\boldsymbol{F}(\underset{t\times1}{\tilde{\boldsymbol{X}}})=\boldsymbol{F}(\boldsymbol{X}^0)+\underset{n\times t}{\boldsymbol{B}}\underset{t\times1}{\tilde{\boldsymbol{x}}}$$

$$\underset{n\times1}{\boldsymbol{\Delta}}=\underset{n\times t}{\boldsymbol{B}}\underset{t\times1}{\tilde{\boldsymbol{x}}}-\boldsymbol{l},\quad \underset{n\times1}{\boldsymbol{l}}=\boldsymbol{L}-\boldsymbol{F}(\boldsymbol{X}^0)$$

对于附有参数的条件平差法：

$$\underset{c\times1}{\boldsymbol{F}}(\tilde{\boldsymbol{L}},\tilde{\boldsymbol{X}})=\boldsymbol{0},\quad n=t+r,\quad c=r+u,\quad 0<u<t$$

$$\underset{c\times1}{\boldsymbol{F}}(\boldsymbol{L},\boldsymbol{X}^0)+\underset{c\times n}{\boldsymbol{A}}\underset{n\times1}{\boldsymbol{\Delta}}+\underset{c\times u}{\boldsymbol{B}}\underset{u\times1}{\tilde{\boldsymbol{x}}}=\boldsymbol{0}$$

$$\underset{c\times n}{\boldsymbol{A}}\underset{n\times1}{\boldsymbol{\Delta}}+\underset{c\times u}{\boldsymbol{B}}\underset{u\times1}{\tilde{\boldsymbol{x}}}-\boldsymbol{W}=\boldsymbol{0},\quad \boldsymbol{W}=-\underset{c\times1}{\boldsymbol{F}}(\boldsymbol{L},\boldsymbol{X}^0)$$

对于附有限制条件的间接平差法：

$$\begin{cases}\underset{n\times1}{\tilde{\boldsymbol{L}}}=\boldsymbol{F}(\underset{u\times1}{\tilde{\boldsymbol{X}}})\\ \underset{s\times1}{\boldsymbol{\Phi}}(\underset{u\times1}{\tilde{\boldsymbol{X}}})=\boldsymbol{0}\end{cases},\quad n=t+r,\quad u=t+s$$

$$\begin{cases}\underset{n\times1}{\tilde{\boldsymbol{L}}}=\boldsymbol{F}(\underset{u\times1}{\boldsymbol{X}^0})+\underset{n\times u}{\boldsymbol{B}}\underset{u\times1}{\tilde{\boldsymbol{x}}}\\ \underset{s\times1}{\boldsymbol{\Phi}}(\underset{u\times1}{\boldsymbol{X}^0})+\underset{s\times u}{\boldsymbol{C}}\underset{u\times1}{\tilde{\boldsymbol{x}}}=\underset{s\times1}{\boldsymbol{0}}\end{cases}$$

令

$$\underset{s\times u}{\boldsymbol{C}}=\left.\frac{\partial\boldsymbol{\Phi}}{\partial\tilde{\boldsymbol{X}}}\right|_{X^0}=\begin{pmatrix}\frac{\partial\boldsymbol{\Phi}_1}{\partial\tilde{X}_1} & \frac{\partial\boldsymbol{\Phi}_1}{\partial\tilde{X}_2} & \cdots & \frac{\partial\boldsymbol{\Phi}_1}{\partial\tilde{X}_u}\\ \frac{\partial\boldsymbol{\Phi}_2}{\partial\tilde{X}_1} & \frac{\partial\boldsymbol{\Phi}_2}{\partial\tilde{X}_2} & \cdots & \frac{\partial\boldsymbol{\Phi}_2}{\partial\tilde{X}_u}\\ \vdots & \vdots & & \vdots\\ \frac{\partial\boldsymbol{\Phi}_s}{\partial\tilde{X}_1} & \frac{\partial\boldsymbol{\Phi}_s}{\partial\tilde{X}_2} & \cdots & \frac{\partial\boldsymbol{\Phi}_s}{\partial\tilde{X}_u}\end{pmatrix}_{X^0}$$

$$\boldsymbol{l}=\boldsymbol{L}-\boldsymbol{F}(\underset{u\times1}{\boldsymbol{X}^0}),\quad W_x=-\underset{s\times1}{\boldsymbol{\Phi}}(\underset{u\times1}{\boldsymbol{X}^0})$$

$$\begin{cases}\boldsymbol{\Delta}=\underset{n\times u}{\boldsymbol{B}}\underset{u\times1}{\tilde{\boldsymbol{x}}}-\underset{n\times1}{\boldsymbol{l}}\\ \underset{s\times u}{\boldsymbol{C}}\underset{u\times1}{\tilde{\boldsymbol{x}}}-\underset{s\times1}{\boldsymbol{W}_x}=\underset{s\times1}{\boldsymbol{0}}\end{cases}$$

4.4 测量平差的数学模型

4.4.1 平差的随机模型

对于前面四种平差方法，最基本的数据都是观测向量 $\boldsymbol{L}$、进行平差时，除了建立函数模型，还要考虑到它的随机模型，亦即观测向量的协方差阵

$$\boldsymbol{D}=\sigma_0^2\boldsymbol{Q}=\sigma_0^2\boldsymbol{P}^{-1}$$

$\boldsymbol{L}$ 的随机性是由其真误差 $\boldsymbol{\Delta}$ 的随机性决定的，$\boldsymbol{\Delta}$ 是随机向量. $\boldsymbol{\Delta}$ 的方差就是观测值向量 $\boldsymbol{L}$ 的方差，即

$$\boldsymbol{D}_L=\boldsymbol{D}_\Delta=\sigma_0^2\boldsymbol{Q}=\sigma_0^2\boldsymbol{P}^{-1}$$

这就是平差的随机模型.

以上讨论是基于平差的函数模型中只有 $\boldsymbol{L}$（即 $\boldsymbol{\Delta}$）是随机量，而模型中的参数是非随机量的情况，这是平差问题的最普遍情形之一.

如果平差问题中所选择的参数也是随机量，此时随机模型除了上式外，还要考虑参数的先验方差阵以及参数与观测值之间的协方差阵.

4.4.2 平差的数学模型

下面列出 4 种平差的数学模型.

条件平差：

$$\underset{r\times n}{\boldsymbol{A}}\,\underset{n\times 1}{\tilde{\boldsymbol{L}}}+\underset{r\times 1}{\boldsymbol{A}_0}=\boldsymbol{0}$$

$$\underset{r\times n}{\boldsymbol{A}}\,\underset{n\times 1}{\boldsymbol{\Delta}}+\underset{r\times 1}{\boldsymbol{W}}=\boldsymbol{0}, \quad \underset{r\times 1}{\boldsymbol{W}}=(\underset{r\times n}{\boldsymbol{A}}\,\underset{n\times 1}{\boldsymbol{L}}+\underset{r\times 1}{\boldsymbol{A}_0})$$

$$\boldsymbol{D}=\sigma_0^2\boldsymbol{Q}=\sigma_0^2\boldsymbol{P}^{-1}$$

间接平差（Gauss-Markoff 模型）：

$$\underset{n\times 1}{\tilde{\boldsymbol{L}}}=\underset{n\times t}{\boldsymbol{B}}\,\underset{t\times 1}{\tilde{\boldsymbol{X}}}+\underset{n\times 1}{\boldsymbol{d}}$$

$$\underset{n\times 1}{\boldsymbol{\Delta}}=\underset{n\times t}{\boldsymbol{B}}\,\underset{t\times 1}{\tilde{\boldsymbol{x}}}-\underset{n\times 1}{\boldsymbol{l}}, \quad \underset{n\times 1}{\boldsymbol{l}}=-(\boldsymbol{B}\boldsymbol{X}^0+\underset{n\times 1}{\boldsymbol{d}}-\underset{n\times 1}{\boldsymbol{L}}), \quad \tilde{\boldsymbol{X}}=\boldsymbol{X}^0+\tilde{\boldsymbol{x}}$$

$$\boldsymbol{D}=\sigma_0^2\boldsymbol{Q}=\sigma_0^2\boldsymbol{P}^{-1}$$

附有参数的条件平差：

$$\underset{c\times n}{\boldsymbol{A}}\,\underset{n\times 1}{\tilde{\boldsymbol{L}}}+\underset{c\times u}{\boldsymbol{B}}\,\underset{u\times 1}{\tilde{\boldsymbol{X}}}+\underset{c\times 1}{\boldsymbol{A}_0}=\underset{c\times 1}{\boldsymbol{0}}$$

$$\underset{c\times n}{A}\underset{n\times 1}{\Delta}+\underset{c\times u}{B}\underset{u\times 1}{\tilde{x}}+\underset{c\times 1}{W}=\underset{c\times 1}{0},\quad W=AL+BX^0+A_0,\quad \tilde{X}=X^0+\tilde{x}$$

$$D=\sigma_0^2Q=\sigma_0^2P^{-1}$$

具有约束条件的间接平差法（具有约束条件的 Gauss-Markoff 模型）：

$$\underset{n\times 1}{\Delta}=\underset{n\times u}{B}\underset{u\times 1}{\tilde{x}}-\underset{n\times 1}{l},\quad \underset{n\times 1}{l}=-(BX^0+\underset{n\times 1}{d}-\underset{n\times 1}{L}),\quad \tilde{X}=X^0+\tilde{x}$$

$$\underset{s\times u}{C}\underset{u\times 1}{\tilde{x}}+\underset{s\times 1}{W_x}=\underset{s\times 1}{0},\quad \underset{s\times 1}{W_x}=\underset{s\times u}{C}\underset{u\times 1}{X^0}+\underset{s\times 1}{A_0}$$

通过平差，可求出Δ和$\tilde{x}$的最佳估值，称之为平差值. $\tilde{L}$的平差值记为$\hat{L}$，$\tilde{X}$的平差值记为$\hat{X}$. 定义

$$\hat{L}=L+V,\quad \hat{X}=X^0+\hat{x}$$

这里V是Δ的平差值，它是L的改正数，在讨论V的统计性质时，又称V为残差；$\hat{x}$是$\tilde{x}$的平差值，它是X^0的改正数.

平差的函数模型一般直接用平差值代以真值列出. 在这种情况下，函数模型为

条件平差：

$$\underset{r\times n}{A}V+\underset{r\times 1}{W}=0,\quad \underset{r\times 1}{W}=(\underset{r\times n}{A}\underset{n\times 1}{L}+\underset{r\times 1}{A_0})$$

间接平差（Gauss-Markoff 模型）：

$$\underset{n\times 1}{V}=\underset{n\times t}{B}\underset{t\times 1}{\hat{x}}-\underset{n\times 1}{l},\quad \underset{n\times 1}{l}=-(BX^0+\underset{n\times 1}{d}-\underset{n\times 1}{L})$$

附有参数的条件平差：

$$\underset{c\times n}{A}\underset{n\times 1}{V}+\underset{c\times u}{B}\underset{u\times 1}{\hat{x}}+\underset{c\times 1}{W}=\underset{c\times 1}{0},\quad W=AL+BX^0+A_0$$

具有约束条件的间接平差法（具有约束条件的 Gauss-Markoff 模型）：

$$\underset{n\times 1}{V}=\underset{n\times u}{B}\underset{u\times 1}{\hat{x}}-\underset{n\times 1}{l},\quad \underset{n\times 1}{l}=-(BX^0+\underset{n\times 1}{d}-\underset{n\times 1}{L})$$

$$\underset{s\times u}{C}\underset{u\times 1}{\hat{x}}+\underset{s\times 1}{W_x}=\underset{s\times 1}{0},\quad \underset{s\times 1}{W_x}=\underset{s\times u}{C}\underset{u\times 1}{X^0}+\underset{s\times 1}{A_0}$$

4.5 参数估计与最小二乘原理

在生产实践中，经常会遇到利用一组观测数据来估计某些未知参数的问题. 例如，一个做匀速直线运动的质点在时刻τ的位置是$\tilde{y}$，可用如下的线性函数来描述：

$$\tilde{y}=\tilde{a}+\tilde{b}\tau$$

式中：$\tilde{a}$是质点在时刻$\tau=0$的初始位置；$\tilde{b}$是匀速直线运动的速度，它们是待估计的未知参数．这类问题为线性参数估计问题．对于这一问题，如果观测没有误差，则只要在两个不同时刻τ_1，τ_2观测出质点的位置$\tilde{y}_1$，$\tilde{y}_2$，建立两个方程，就可以解出$\tilde{a}$和$\tilde{b}$了．但是观测是存在误差的，即观测的不是位置的真值$\tilde{\boldsymbol{y}}$，而是带有误差的观测值$\boldsymbol{y}$，它们存在如下关系：$\tilde{\boldsymbol{y}}=\boldsymbol{y}+\Delta$，$\Delta$是观测误差．于是有

$$\boldsymbol{y}+\Delta=\tilde{a}+\tilde{b}\boldsymbol{\tau}$$

这样为了求得$\tilde{a}$和$\tilde{b}$，就需要在不同时刻$\tau_1,\tau_2,\cdots,\tau_n$来测定其位置，得到一组观测值$y_1,y_2,\cdots,y_n$，这时，由上式可得到

$$\Delta_i=\tilde{a}+\tilde{b}\tau_i-y_i\quad(i=1,2\cdots,n)$$

令

$$\boldsymbol{\Delta}=\begin{pmatrix}\Delta_1\\\Delta_2\\\vdots\\\Delta_n\end{pmatrix},\quad \boldsymbol{L}=\begin{pmatrix}y_1\\y_2\\\vdots\\y_n\end{pmatrix},\quad \tilde{\boldsymbol{L}}=\begin{pmatrix}\tilde{y}_1\\\tilde{y}_2\\\vdots\\\tilde{y}_n\end{pmatrix},\quad \tilde{\boldsymbol{L}}=\boldsymbol{L}+\boldsymbol{\Delta}$$

$$\boldsymbol{B}=\begin{pmatrix}1&\tau_1\\1&\tau_2\\1&\vdots\\1&\tau_n\end{pmatrix},\quad \tilde{\boldsymbol{X}}=\begin{pmatrix}\tilde{a}\\\tilde{b}\end{pmatrix}$$

则有

$$\boldsymbol{\Delta}=\boldsymbol{B}\tilde{\boldsymbol{X}}-\boldsymbol{L}$$

这就是间接平差的函数模型．

在实际数据处理中，一般是以残差向量$\boldsymbol{V}$代替真误差向量$\boldsymbol{\Delta}$，以估值向量$\hat{\boldsymbol{L}}$代替真值向量$\tilde{\boldsymbol{L}}$，即

$$\boldsymbol{V}=\begin{pmatrix}v_1\\v_2\\\vdots\\v_n\end{pmatrix},\quad \boldsymbol{L}=\begin{pmatrix}y_1\\y_2\\\vdots\\y_n\end{pmatrix},\quad \hat{\boldsymbol{L}}=\begin{pmatrix}\hat{y}_1\\\hat{y}_2\\\vdots\\\hat{y}_n\end{pmatrix},\quad \hat{\boldsymbol{L}}=\boldsymbol{L}+\boldsymbol{V},\quad \hat{\boldsymbol{X}}=\begin{pmatrix}\hat{a}\\\hat{b}\end{pmatrix}$$

这样

$$\boldsymbol{V}=\boldsymbol{B}\hat{\boldsymbol{X}}-\boldsymbol{L},\quad \boldsymbol{D}_{LL}=\sigma_0^2\boldsymbol{Q}=\sigma_0^2\boldsymbol{P}^{-1}$$

分别是实际数据处理中采用的函数模型和随机模型．最小二乘原理要求

$$\boldsymbol{V}^{\mathrm{T}}\boldsymbol{P}\boldsymbol{V}=\min$$

从以上的推导过程可以看出，只要是线性参数估计的问题，不论观测值属于何种

统计分布，都可以按最小二乘原理进行参数估计，因此这种估计方法在实际中被广泛地应用.

测量中的观测值是服从正态分布的随机变量，最小二乘原理可用数理统计中的最大似然法来解释，两种估计准则的估值相同.

设某一个量的 n 个独立非等精度观测值分别是 $L_1,L_2,\cdots,L_n$，设观测值服从正态分布，随机模型是 $\boldsymbol{D}_{LL}=\sigma_0^2\boldsymbol{Q}=\sigma_0^2\boldsymbol{P}^{-1}$. 组成或然函数为

$$\boldsymbol{P}(\boldsymbol{L};\mu,\sigma_i)=\frac{1}{(\sqrt{2\pi})^n\prod_{i=1}^{n}\sigma_i}\exp\left(-\sum_{i=1}^{n}\frac{(L_i-\mu)^2}{2\sigma_i^2}\right)(\mathrm{d}L)^n=\max$$

欲使上式取值最大，只需要满足

$$\sum_{i=1}^{n}\frac{(L_i-\mu)^2}{2\sigma_i^2}=\min$$

将上式乘以常数 $2\sigma_0^2$，对求最小值无影响，于是

$$\sum_{i=1}^{n}\frac{\sigma_0^2}{\sigma_i^2}(L_i-\mu)^2=\min$$

在实际应用中，一般是以估值代替理论值，即

$$\mu=E(\boldsymbol{L})\rightarrow\hat{\mu}\text{，}\quad\sigma_0^2\rightarrow\hat{\sigma}_0^2\text{，}\quad\sigma_i^2=E(\Delta_i^2)\rightarrow\hat{\sigma}_i^2$$

令

$$p_i=\frac{\hat{\sigma}_0^2}{\hat{\sigma}_i^2}\text{，}\quad v_i=L_i-\hat{\mu}$$

这样有

$$\sum_{i=1}^{n}p_iv_i^2=\min$$

用矩阵表示

$$\boldsymbol{V}=\begin{pmatrix}v_1\\v_2\\\vdots\\v_n\end{pmatrix}\text{，}\quad\boldsymbol{P}=\begin{pmatrix}p_1&&&\\&p_2&&\\&&\ddots&\\&&&p_n\end{pmatrix}$$

就有

$$\boldsymbol{V}^{\mathrm{T}}\boldsymbol{P}\boldsymbol{V}=\min$$

上述是仅就一个未知量时的情况. 当被观测值并非仅一个量时，应取多维随机变

量即随机向量，则观测值向量 $\boldsymbol{L}$ 的正态分布密度函数是

$$f(L_1,L_2,\cdots,L_n)=\frac{1}{(\sqrt{2\pi})^n\left|D_{LL}\right|}\exp\left(-\frac{1}{2}\Delta^{\mathrm{T}}\boldsymbol{D}_{LL}^{-1}\Delta\right)$$

其中

$$\Delta=\boldsymbol{L}-E(\boldsymbol{L})=\begin{pmatrix}L_1-E(L_1)\\L_2-E(L_2)\\\vdots\\L_n-E(L_n)\end{pmatrix}=\begin{pmatrix}\Delta_1\\\Delta_2\\\vdots\\\Delta_n\end{pmatrix}$$

$$\begin{aligned}\boldsymbol{D}_{LL}&=E\left[(\boldsymbol{L}-E(\boldsymbol{L}))(\boldsymbol{L}-E(\boldsymbol{L}))^{\mathrm{T}}\right]=E(\Delta\Delta^{\mathrm{T}})\\&=\sigma_0^2\boldsymbol{Q}=\sigma_0^2\boldsymbol{P}^{-1}\end{aligned}$$

在实际应用中，一般是以估值代替理论值，即 $E(\boldsymbol{L})\to\hat{\boldsymbol{L}}$ 、$\sigma_0^2\to\hat{\sigma}_0^2$，这样

$$\boldsymbol{V}=\boldsymbol{L}-\hat{\boldsymbol{L}}=\begin{pmatrix}L_1-\hat{L}_1\\L_2-\hat{L}_2\\\vdots\\L_n-\hat{L}_n\end{pmatrix}=\begin{pmatrix}v_1\\v_2\\\vdots\\v_n\end{pmatrix}$$

$$\hat{\boldsymbol{D}}_{LL}=\hat{\sigma}_0^2\boldsymbol{Q}=\hat{\sigma}_0^2\boldsymbol{P}^{-1}$$

于是，观测值向量 $\boldsymbol{L}$ 的正态分布密度函数是

$$f(L_1,L_2,\cdots,L_n)=\frac{1}{(\sqrt{2\pi})^n\left|\hat{\boldsymbol{D}}_{LL}\right|}\exp\left(-\frac{1}{2\hat{\sigma}_0^2}\boldsymbol{V}^{\mathrm{T}}\boldsymbol{P}\boldsymbol{V}\right)$$

上式就是观测值估值向量 $\hat{\boldsymbol{L}}$ 的或然函数. 显然，当此式取得最大值时，有

$$\boldsymbol{V}^{\mathrm{T}}\boldsymbol{P}\boldsymbol{V}=\min$$

与前述仅一个随机量时的形式是一样的，但这里代表的是相关观测值的最小二乘原理. 由此可见，当观测值服从正态分布时，最小二乘原理与参数估计中的最大似然法是一致的.

【例 5】 设对某物理量 $\tilde{\boldsymbol{X}}$ 进行了 n 次同精度观测得 $\underset{n\times1}{\boldsymbol{L}}$ ，请按照最小二乘原理求该物理量的估值.

解 设该物理量的估值是 $\hat{\boldsymbol{X}}$ ，则有

$$v_i=\hat{\boldsymbol{X}}-L_i\,,\quad \boldsymbol{V}^{\mathrm{T}}=(v_1\quad v_2\quad\cdots\quad v_n)$$

按照最小二乘原理要求

$$\boldsymbol{V}^{\mathrm{T}}\boldsymbol{V}=\min$$

为此，将 $\boldsymbol{V}^{\mathrm{T}}\boldsymbol{V}$ 对 $\hat{\boldsymbol{X}}$ 取一阶导数，并令其为零，得

$$\frac{\mathrm{d}\boldsymbol{V}^{\mathrm{T}}\boldsymbol{V}}{\mathrm{d}\hat{\boldsymbol{X}}}=2\boldsymbol{V}^{\mathrm{T}}\frac{\mathrm{d}\boldsymbol{V}}{\mathrm{d}\hat{\boldsymbol{X}}}=2\boldsymbol{V}^{\mathrm{T}}\begin{pmatrix}1\\1\\\vdots\\1\end{pmatrix}=2\sum_{i=1}^{n}v_i=0$$

即

$$\sum_{i=1}^{n}v_i=n\hat{\boldsymbol{X}}-\sum_{i=1}^{n}L_i=0\Rightarrow\hat{\boldsymbol{X}}=\frac{1}{n}\sum_{i=1}^{n}L_i=\frac{[\boldsymbol{L}]}{n}$$

按照最大或然法求得的参数估计值称为最或然值、最似然值. 由此，在测量中由最小二乘原理所求的估值也称为最或然值、平差值.

第 5 章

条件平差

5.1 最小二乘原理下的条件平差解算

5.1.1 条件平差的概念

在某几何模型中总的观测量为 n，必要观测量为 t，则多余观测量为 $r=n-t$，有了 r 个多余观测量则可以列出 r 个相互独立的条件方程式. 这种以多余观测量列出的条件方程式作为平差的函数模型的方法，称为条件平差.

在前面章节中已介绍了条件平差的函数模型为

$$\underset{r\times n}{\boldsymbol{A}}\underset{n\times 1}{\hat{\boldsymbol{L}}}+\underset{r\times 1}{\boldsymbol{A}_0}=\underset{r\times 1}{\boldsymbol{0}}$$

或

$$\boldsymbol{AV}+\boldsymbol{W}=\boldsymbol{0}$$

随机模型为

$$\underset{n\times n}{\boldsymbol{D}}=\sigma_0^2\underset{n\times n}{\boldsymbol{Q}}=\sigma_0^2\underset{n\times n}{\boldsymbol{P}^{-1}}$$

平差的准则为

$$\boldsymbol{V}^{\mathrm{T}}\boldsymbol{PV}=\min$$

条件平差就是要求在满足 r 个条件方程的条件下，求函数 $\boldsymbol{V}^{\mathrm{T}}\boldsymbol{PV}=\min$ 的 $\boldsymbol{V}$ 值，在数学应用中就是求函数的条件极值问题.

5.1.2 基本数学模型——条件方程

设有 r 个平差值线性条件方程:

$$\left.\begin{aligned}a_1\hat{L}_1+a_2\hat{L}_2+\cdots+a_n\hat{L}_n+a_0=0\\b_1\hat{L}_1+b_2\hat{L}_2+\cdots+b_n\hat{L}_n+b_0=0\\\cdots\cdots\cdots\cdots\\r_1\hat{L}_1+r_2\hat{L}_2+\cdots+r_n\hat{L}_n+r_0=0\end{aligned}\right\}\tag{5.1}$$

式中：$a_i,b_i,\cdots,r_i(i=1,2,\cdots,n)$ 为条件方程系数；$a_0,b_0,\cdots,r_0$ 为条件方程常数项. 系数和常数项的取值随平差问题的不同而不同，它们与观测值无关. 用 $\hat{L}=L+V$ 代入上式，可得

$$\left.\begin{aligned}a_1v_1+a_2v_2+\cdots+a_nv_n+w_a=0\\b_1v_1+b_2v_2+\cdots+b_nv_n+w_b=0\\\cdots\cdots\cdots\cdots\\r_1v_1+r_2v_2+\cdots+r_nv_n+w_r=0\end{aligned}\right\}$$

式中：$w_a,w_b,\cdots,w_r$ 为条件方程的闭合差，或称不符值，即

$$\left.\begin{aligned}w_a=a_1L_1+a_2L_2+\cdots+a_nL_n+a_0\\w_b=b_1L_1+b_2L_2+\cdots+b_nL_n+b_0\\\cdots\cdots\cdots\cdots\\w_r=r_1L_1+r_2L_2+\cdots+r_nL_n+r_0\end{aligned}\right\}\tag{5.2}$$

令

$$\underset{r\times n}{\boldsymbol{A}}=\begin{bmatrix}a_1&a_2&\cdots&a_n\\b_1&b_2&\cdots&b_n\\\vdots&&&\vdots\\r_1&r_2&\cdots&r_n\end{bmatrix},\quad \underset{r\times 1}{\boldsymbol{W}}=\begin{bmatrix}w_a\\w_b\\\vdots\\w_r\end{bmatrix},\quad \underset{n\times 1}{\boldsymbol{V}}=\begin{bmatrix}v_1\\v_2\\\vdots\\v_n\end{bmatrix}$$

则式（5.2）为

$$\boldsymbol{AV}+\boldsymbol{W}=\boldsymbol{0}\tag{5.3}$$

同样，式（5.1）可写成

$$\boldsymbol{A\hat{L}}+\boldsymbol{A}_0=\boldsymbol{0}\tag{5.4}$$

式中

$$\underset{n\times 1}{\hat{\boldsymbol{L}}}=\begin{bmatrix}L_1 & L_2 & \cdots & L_n\end{bmatrix}^{\mathrm{T}},\quad \underset{r\times 1}{\boldsymbol{A}}=\begin{bmatrix}a_0 & b_0 & \cdots & r_0\end{bmatrix}^{\mathrm{T}}$$

式（5.2）的矩阵形式为

$$\boldsymbol{W}=\boldsymbol{AL}+\boldsymbol{A}_0$$

由式（5.4）知，$\boldsymbol{AL}+\boldsymbol{A}_0$的应有值为零，所以闭合差等于观测值减去其应有值.

按求条件极值的拉格朗日乘数法，设其乘数为$\underset{r\times1}{\boldsymbol{K}}=[k_a \quad k_b \quad \cdots \quad k_r]^{\mathrm{T}}$，称为联系数向量. 组成函数

$$\boldsymbol{\Phi}=\boldsymbol{V}^{\mathrm{T}}\boldsymbol{PV}-2\boldsymbol{K}^{\mathrm{T}}(\boldsymbol{AV}+\boldsymbol{W})$$

将$\boldsymbol{\Phi}$对$\boldsymbol{V}$求一阶导数，并令其为零，得

$$\frac{\mathrm{d}\boldsymbol{\Phi}}{\mathrm{d}\boldsymbol{V}}=2\boldsymbol{V}^{\mathrm{T}}\boldsymbol{P}-2\boldsymbol{K}^{\mathrm{T}}\boldsymbol{A}=\boldsymbol{0}$$

两边转置，得

$$\boldsymbol{PV}=\boldsymbol{A}^{\mathrm{T}}\boldsymbol{K}$$

再用$\boldsymbol{P}^{-1}$左乘上式两端，得改正数$\boldsymbol{V}$的计算公式为

$$\boldsymbol{V}=\boldsymbol{P}^{-1}\boldsymbol{A}^{\mathrm{T}}\boldsymbol{K}=\boldsymbol{QA}^{\mathrm{T}}\boldsymbol{K} \tag{5.5}$$

上式称为改正数方程.

将n个改正数方程和r个条件方程联立求解，就可以求得一组唯一的解：n个改正数和r个联系数. 为此，将式（5.3）和式（5.5）合称为条件平差的基础方程. 显然，由基础方程解出的一组$\boldsymbol{V}$，不仅能消除闭合差，也必能满足$\boldsymbol{V}^{\mathrm{T}}\boldsymbol{PV}=\min$的要求.

解算基础方程时，先将式（5.5）代入式（5.3），得

$$\boldsymbol{AQA}^{\mathrm{T}}\boldsymbol{K}+\boldsymbol{W}=\boldsymbol{0}$$

令

$$\underset{r\times r}{\boldsymbol{N}_{aa}}=\underset{r\times n}{\boldsymbol{A}}\,\underset{n\times n}{\boldsymbol{Q}}\,\underset{n\times r}{\boldsymbol{A}^{\mathrm{T}}}=\boldsymbol{AP}^{-1}\boldsymbol{A}^{\mathrm{T}}$$

则

$$\boldsymbol{N}_{aa}\boldsymbol{K}+\boldsymbol{W}=\boldsymbol{0}$$

称为联系数法方程，它是条件平差的法方程，简称法方程. 法方程系数阵的秩

$$R(\boldsymbol{N}_{aa})=R(\boldsymbol{AQA}^{\mathrm{T}})=R(\boldsymbol{A})=r$$

即$\boldsymbol{N}_{aa}$是一个r阶满秩方阵且可逆，由此可得联系数$\boldsymbol{K}$的唯一解

$$\boldsymbol{K}=-\boldsymbol{N}_{aa}^{-1}\boldsymbol{W}$$

当权阵$\boldsymbol{P}$为对角阵时，改正数方程和法方程的纯量形式分别为

$$v_i=\frac{1}{p_i}(a_ik_a+b_ik_b+\cdots+r_ik_r)$$

$$=Q_{ii}(a_ik_a+b_ik_b+\cdots+r_ik_r)\quad(i=1,2,\cdots,n)$$

和

$$\begin{cases}\sum_{i=1}^{n}\frac{a_ia_i}{p_i}k_a+\sum_{i=1}^{n}\frac{a_ia_i}{p_i}k_b+\cdots+\sum_{i=1}^{n}\frac{a_ir_i}{p_i}k_r+w_a=0\\ \sum_{i=1}^{n}\frac{a_ib_i}{p_i}k_a+\sum_{i=1}^{n}\frac{b_ib_i}{p_i}k_b+\cdots+\sum_{i=1}^{n}\frac{b_ir_i}{p_i}k_r+w_b=0\\ \cdots\cdots\cdots\cdots\\ \sum_{i=1}^{n}\frac{a_ir_i}{p_i}k_a+\sum_{i=1}^{n}\frac{b_ir_i}{p_i}k_b+\cdots+\sum_{i=1}^{n}\frac{r_ir_i}{p_i}k_r+w_r=0\end{cases}$$

从法方程解出联系数 $\boldsymbol{K}$ 后，将 $\boldsymbol{K}$ 值代入改正数方程，求出改正数 $\boldsymbol{V}$ 值，再求平差值 $\hat{\boldsymbol{L}}=\boldsymbol{L}+\boldsymbol{V}$，这样就完成了按条件平差求平差值的工作.

5.1.3 条件平差解题的计算步骤

综合上述可知，按条件平差求平差值的计算步骤归结为：

（1）根据平差问题的具体情况，列出条件方程，条件方程的个数等于多余观测数 r.

（2）根据条件式的系数、闭合差及观测值的协因数阵组成法方程，法方程的个数等于多余观测数 r.

（3）解算法方程，求出联系数 $\boldsymbol{K}$ 值.

（4）将 $\boldsymbol{K}$ 代入改正数方程，求出 $\boldsymbol{V}$ 值，并求出平差值 $\hat{\boldsymbol{L}}=\boldsymbol{L}+\boldsymbol{V}$.

（5）为了检查平差计算的正确性，常用平差值 $\boldsymbol{L}$ 重新列出平差值条件方程，看其是否满足方程.

5.2 各类条件方程式列立

本节重点讲述关于角度测量的网型和边长测量的网型的条件方程的列立. 因为在条件平差中条件方程的个数等于多余观测的个数，也就是说在所有可以列出的条件方程中，只要列出其中 $r=n-t$ 个相互之间独立最简的条件方程进行平差，则剩余列出的条件方程均为所选 r 个条件方程的线性组合，即这部分条件方程均可由所选 r 个条件方程导出，所选的 r 个条件方程得到满足，其余可能的所有条件方程必然也得到满足. 在此基础上，为了减少计算工作量，要优先选用形式简单、易于列立的条件方程.

下面介绍几种在测量中常见的几何模型的条件方程列立方法：测角网条件方程式的列立，测边网条件方程式的列立.

5.2.1 测角网条件方程

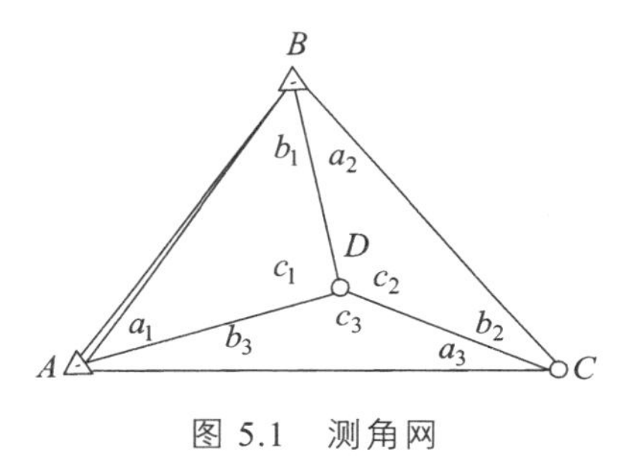

图 5.1 测角网

图 5.1 所示为一测角网，其中 A，B 是坐标为已知的三角点，C 和 D 为待定点，要确定其坐标，共观测了 9 个水平角，即 a_i，b_i，c_i（i=1，2，3）. 根据角度交会的原理，为了确定 C，D 两点的平面坐标，必要观测 $t=4$，例如测量 a_1 和 b_1 可计算 D 点坐标，再测量 a_2 和 c_2 可确定待定点 C. 于是图 5.1 的多余观测数 $r=n-t=9-4=5$，故总共应列出 5 个条件方程.

测角网的基本条件方程有三种类型，现以此例说明.

1. 图形条件（内角和条件）

图形条件是指每个闭合的平面多边形中，诸内角平差值之和应等于其应有值. 由图 5.1 可列出三个图形条件，即

$$\hat{a}_i+\hat{b}_i+\hat{c}_i-180^\circ=0\quad(i=1,2,3) \tag{5.6}$$

其最后形式为

$$\begin{cases}v_{a_1}+v_{b_1}+v_{c_1}+w_a=0,\ w_a=a_1+b_1+c_1-180^\circ\\ v_{a_2}+v_{b_2}+v_{c_2}+w_b=0,\ w_b=a_2+b_2+c_2-180^\circ\\ v_{a_3}+v_{b_3}+v_{c_3}+w_c=0,\ w_c=a_3+b_3+c_3-180^\circ\end{cases}$$

2. 圆周条件（水平条件）

对于中点多边形来说，如果仅仅满足了上述三个图形条件，还不能保证它的几何图形能够完全闭合，因此还要列出圆周条件. 由图 5.1 可列出一个圆周条件

$$\hat{c}_1+\hat{c}_2+\hat{c}_3-360^\circ=0 \tag{5.7}$$

或

$$v_{c_1}+v_{c_2}+v_{c_3}+w_d=0,\ w_d=c_1+c_2+c_3-360^\circ$$

由图 5.1 可以看出，图形条件尚有其他列法，如可列成如下形式的条件方程：

$$\hat{a}_1+\hat{b}_1+\hat{a}_2+\hat{b}_2+\hat{a}_3+\hat{b}_3-180^\circ=0 \tag{5.8}$$

$$\hat{a}_1+\hat{b}_1+\hat{c}_1+\hat{a}_2+\hat{b}_2+\hat{c}_2-360^\circ=0 \tag{5.9}$$

但这些条件方程都是上面列出的式（5.6）、（5.7）的线性组合，将式（5.6）中三个式子相加并减去式（5.7）即得式（5.8），前两式成立，式（5.8）必满足，式（5.9）也同样满足. 所以列出条件方程（5.6）和（5.8）后，不能再列出其他三角和或多边形角

度和的图形条件了.

此例 $r=5$，还要列出一个条件方程，是极条件.

3. 极条件（边长条件）

满足上述 4 个条件方程的角值，还不能使图 5.1 的几何图形完全闭合. 例如图 5.2 中的角值 a_i', b_i', c_i' (i=1,2,3) 已满足 4 个条件方程. 但是，通过这些角值计算 CD 边长时，从已知边 AB 和 a_1', c_1', a_2', b_2' 求得的边长为 $C'D$，而从已知边 AB 和 b_1', c_1', a_3', b_3' 求得的边长为 $C''D$，于是 CD 就出现了两个不同的长度. 为了使平差值满足相应几何图形的要求，平差时应考虑到这样的条件，就是由不同路线推算得到的同一条边长的长度应相等，即

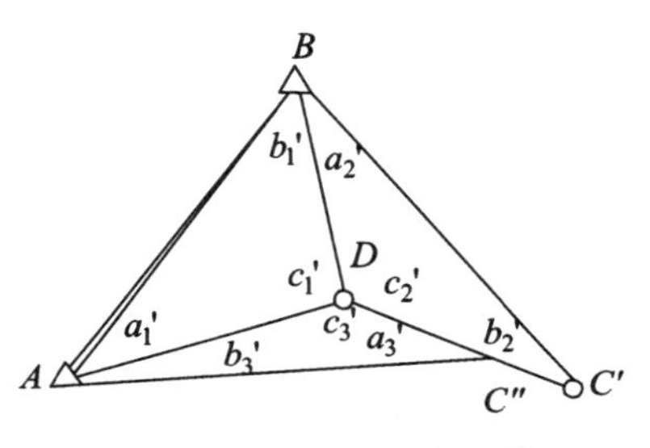

图 5.2　极条件不闭合的情况

$$\overline{CD}=\overline{AB}\frac{\sin\hat{a}_1}{\sin\hat{c}_1}\frac{\sin\hat{a}_2}{\sin\hat{b}_2}=\overline{AB}\frac{\sin\hat{b}_1}{\sin\hat{c}_1}\frac{\sin\hat{b}_3}{\sin\hat{a}_3}$$

或

$$\frac{\sin\hat{a}_1}{\sin\hat{b}_1}\frac{\sin\hat{a}_2}{\sin\hat{b}_2}\frac{\sin\hat{a}_3}{\sin\hat{b}_3}=1 \tag{5.10}$$

即

$$\frac{\overline{DB}}{\overline{DA}}\cdot\frac{\overline{DA}}{\overline{DC}}\cdot\frac{\overline{DC}}{\overline{DB}}=1$$

以 D 点为极，列出各图形边长比的积为 1，故称为极条件方程，或称为边长条件方程. 极条件方程为非线性形式，按函数模型线性化的方法，将上式用泰勒公式展开，取至一次项，可得线性形式的极条件方程.

将 $\hat{a}_i=a_i+v_{a_i}$，$\hat{b}_i=b_i+v_{b_i}$，$\hat{c}_i=c_i+v_{c_i}$ 代入式（5.10），展开得

$$\begin{aligned}&\frac{\sin(a_1+v_{a_1})\sin(a_2+v_{a_2})\sin(a_3+v_{a_3})}{\sin(b_1+v_{b_1})\sin(b_2+v_{b_2})\sin(b_3+v_{b_3})}-1\\
=&\frac{\sin a_1\sin a_2\sin a_3}{\sin b_1\sin b_2\sin b_3}-1+\frac{\sin a_1\sin a_2\sin a_3}{\sin b_1\sin b_2\sin b_3}\cot a_1\frac{v_{a_1}}{\rho''}+\\
&\frac{\sin a_1\sin a_2\sin a_3}{\sin b_1\sin b_2\sin b_3}\cot a_2\frac{v_{a_2}}{\rho''}+\frac{\sin a_1\sin a_2\sin a_3}{\sin b_1\sin b_2\sin b_3}\cot a_3\frac{v_{a_3}}{\rho''}-\\
&\frac{\sin a_1\sin a_2\sin a_3}{\sin b_1\sin b_2\sin b_3}\cot b_1\frac{v_{b_1}}{\rho''}-\frac{\sin a_1\sin a_2\sin a_3}{\sin b_1\sin b_2\sin b_3}\cot b_2\frac{v_{b_2}}{\rho''}-\\
&\frac{\sin a_1\sin a_2\sin a_3}{\sin b_1\sin b_2\sin b_3}\frac{v_{b_3}}{\rho''}=0\end{aligned}$$

化简得

$$\cot a_1 v_{a_1} + \cot a_2 v_{a_2} + \cot a_3 v_{a_3} - \cot b_1 v_{b_1} - \cot b_2 v_{b_2} - \cot b_3 v_{b_3} + \left(1 - \frac{\sin b_1 \sin b_2 \sin b_3}{\sin a_1 \sin a_2 \sin a_3}\right)\rho'' = 0$$

这就是极条件方程的线性形式.

注：上述非线性条件方程也可以先取对数，再按泰勒公式展开成线性形式.

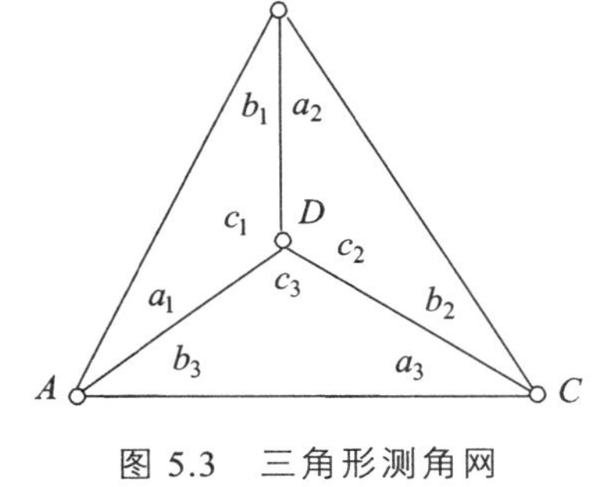

图 5.3　三角形测角网

【例 1】 在图 5.3 中，9 个同精度观测值为

$$\begin{aligned}
&a_1 = 30°52'39''.2,\ b_1 = 42°16'41''.2,\\
&a_2 = 33°40'54''.8,\ b_2 = 20°58'26''.4,\\
&a_3 = 23°45'12''.5,\ b_3 = 28°26'07''.9,\\
&c_1 = 106°50'40''.6,\ c_2 = 125°20'37''.2,\ c_3 = 127°48'39''.0
\end{aligned}$$

试列出条件方程.

解　本题中，条件方程个数为 $r = n - t = 9 - 4 = 5$ 个，其中 3 个图形条件、1 个圆周条件为

$$\begin{aligned}
&v_{a_1} + v_{b_1} + v_{c_1} + 1.0 = 0\\
&v_{a_2} + v_{b_2} + v_{c_2} - 1.6 = 0\\
&v_{a_3} + v_{b_3} + v_{c_3} - 0.6 = 0\\
&v_{c_1} + v_{c_2} + v_{c_3} - 3.2 = 0
\end{aligned}$$

而非线性的极条件为

$$\frac{\sin \hat{a}_1 \sin \hat{a}_2 \sin \hat{a}_3}{\sin \hat{b}_1 \sin \hat{b}_2 \sin \hat{b}_3} = 1$$

其线性形式为

$$\cot a_1 v_{a_1} + \cot a_2 v_{a_2} + \cot a_3 v_{a_3} - \cot b_1 v_{b_1} - \cot b_2 v_{b_2} - \cot b_3 v_{b_3} + \left(1 - \frac{\sin b_1 \sin b_2 \sin b_3}{\sin a_1 \sin a_2 \sin a_3}\right)\rho'' = 0$$

将观测值代入，得

$$1.67 v_{a_1} + 1.50 v_{a_2} + 2.27 v_{a_3} - 1.10 v_{b_1} - 2.61 v_{b_2} - 1.85 v_{b_3} - 33.12 = 0$$

【例 2】 图 5.4 为一大地四边形，试列出条件方程.

解　本题条件方程个数为 $r = n - t = 8 - 4 = 4$ 个，可组成 3 个图形条件和 1 个极条件，即

$$
\begin{cases}
v_{a_1}+v_{b_1}+v_{a_2}+v_{b_4}+w_a=0\\
v_{b_1}+v_{a_2}+v_{b_2}+v_{a_3}+w_b=0\\
v_{b_2}+v_{a_3}+v_{b_3}+v_{a_4}+w_c=0
\end{cases}
$$

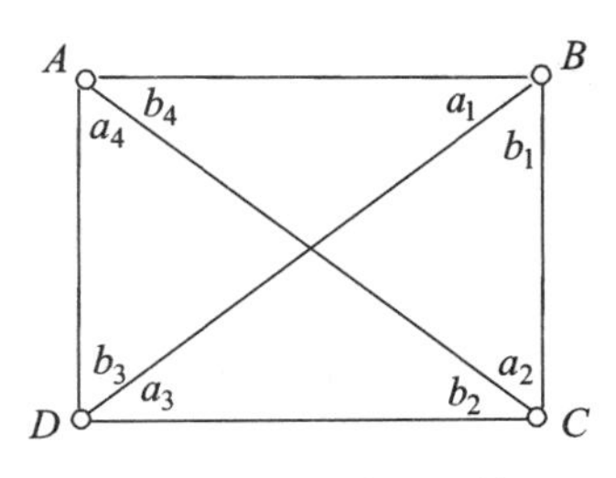

图 5.4 大地四边形测角网

和

$$
\frac{\overline{AB}}{\overline{\overline{AC}}}\cdot\frac{\overline{AC}}{\overline{\overline{AD}}}\cdot\frac{\overline{AD}}{\overline{\overline{AB}}}=1
$$

或

$$
\frac{\sin\hat{a}_2\sin(\hat{a}_3+\hat{b}_3)\sin\hat{a}_1}{\sin(\hat{a}_1+\hat{b}_1)\sin\hat{b}_2\sin\hat{b}_3}=1
$$

其线性形式为

$$
\cot a_2 v_{a_2}+\cot(a_3+b_3)(v_{a_3}+v_{b_3})+\cot a_1 v_{a_1}-\\
\cot(a_1+b_1)(v_{a_1}+v_{b_1})-\cot b_2 v_{b_2}-\cot b_3 v_{b_3}+w_d=0
$$

整理得

$$
[\cot a_1-\cot(a_1+b_1)]v_{a_1}-\cot(a_1+b_1)v_{b_1}+\cot a_2 v_{a_2}-\cot b_2 v_{b_2}+\\
\cot(a_3+b_3)v_{a_3}+[\cot(a_3+b_3)-\cot b_3]v_{b_3}+w_d=0
\tag{5.11}
$$

式中

$$
w_d=\left(1-\frac{\sin(a_1+b_1)\sin b_2\sin b_3}{\sin a_2\sin(a_3+b_3)\sin a_1}\right)\rho''
$$

式（5.11）为大地四边形的极条件方程.

从相关公式看出，组成极条件时以 A 点为极点，即从 AB 出发，经过 AC，AD 闭合至 AB. 此例中也可以 B，C 或 D 为极，按以上推导类似方法组成极条件. 但在列出 3 个图形条件的情况下，只能任选其中一个为极条件，保持 4 个互相独立的（不存在线性组合）条件方程.

测角网是由三角形、大地四边形和中点多边形等三种基本图形互相邻接或互相重叠而成的. 综上所述可知：三角形中有 1 个多余观测值，应列出 1 个图形条件；大地四边形中有 4 个多余观测值，应列出 3 个图形条件和 1 个极条件；中点 n' 边形有（$n'+2$）个多余观测值，应列出 n' 个图形条件、1 个圆周条件和 1 个极条件.

5.2.2 测边网条件方程

和测角网一样，测边网也可分解为三角形、大地四边形和中点多边形等三种基本图形. 对于测边三角形，决定其形状和大小的必要观测为三条边长，即 $t=3$，此时 $r=n-t=3-3=0$，说明测边三角形不存在条件方程. 对于大地四边形，要确定第一个三角形，必须观测其中 3 条边长，确定第二个三角形只需再增加 2 条边长，所以确定一个四边形的图形，必须观测 5 条边长，即 $t=5$，所以 $r=n-t=5-5=1$，说明大地四边形存在 1 个条件方程. 对于中点多边形，例如中点五边形，它由 4 个独立三角形组成，此时 $t=3+2\times3=9$，故有 $r=n-t=10-9=1$. 因此，测边网中的中点多边形与大地四边形个数之和，即该测边网条件方程的总数，这类条件称为图形条件.

图形条件的列出，可利用角度闭合法、边长闭合法和面积闭合法等，本节仅介绍角度闭合法.

测边网的图形条件按角度闭合法列出，其基本思想是：利用观测边长求出网中的内角，列出角度间应满足的条件，然后以边长改正数替换角度改正数，得到以边长改正数表示的图形条件. 现以图 5.5 为例，说明条件方程的组成方法.

1. 以角度改正数表示的条件方程

在图 5.5 的测边网中，由观测边长 S_i（$i=1, 2, 3, \cdots, 6$）精确地算出角值 B_j（$j=1, 2, 3$），此时，平差值条件方程为

$$\hat{\beta}_1+\hat{\beta}_2-\hat{\beta}_3=0$$

以角度改正数表示的图形条件为

$$v_{\beta_1}+v_{\beta_2}-v_{\beta_3}+w=0$$

式中：$w=\beta_1+\beta_2-\beta_3$.

同样，在图 5.6 的测边中点三边形中，以角度改正数表示的图形条件为

$$v_{\beta_1}+v_{\beta_2}+v_{\beta_3}+w=0$$

式中：$w=\beta_1+\beta_2+\beta_3-360°$.

上述条件中的角度改正数必须代换成观测值（边长）的改正数，这样才是图形条件的最终形式. 为此，必须找出边长改正数和角度改正数之间的关系式.

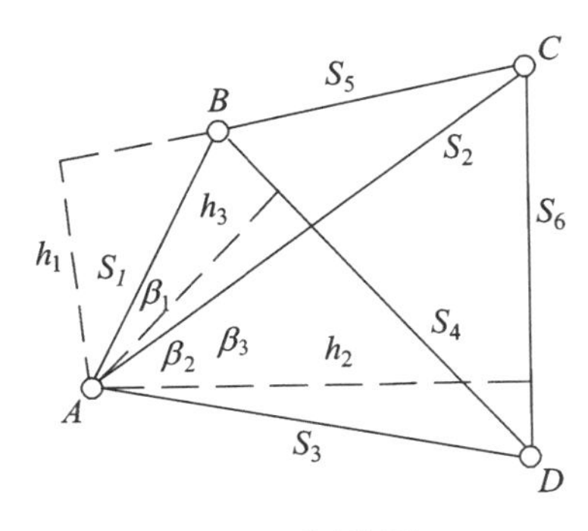

图 5.5 测边网

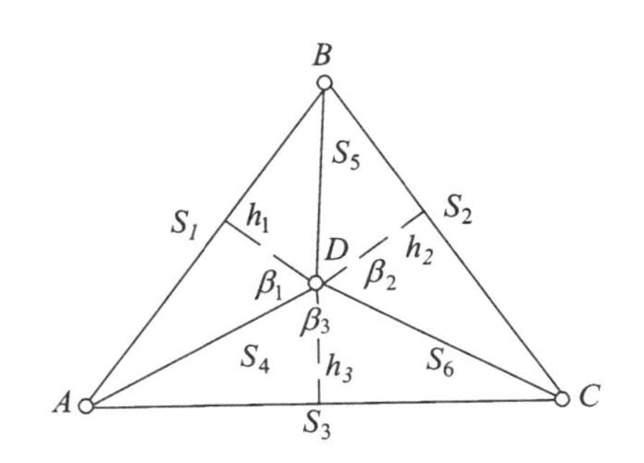

图 5.6 测边中点三边形

2. 角度改正数与边长改正数的关系式

在图 5.7 中，由余弦定理知

$$S_a^2 = S_b^2 + S_c^2 - 2S_bS_c\cos A$$

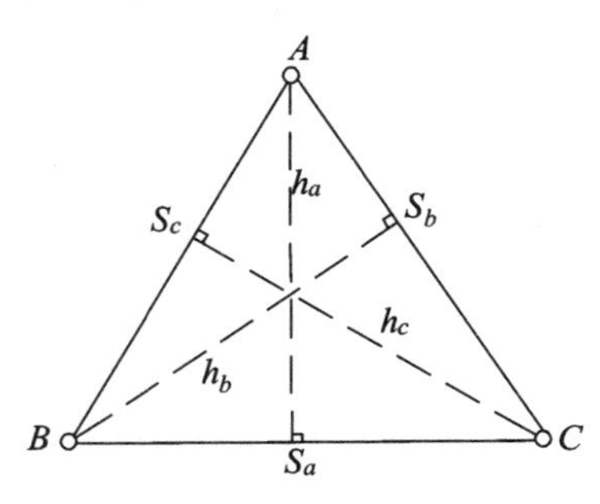

图 5.7　测边中点三角形

微分得

$$2S_a dS_a = (2S_b - 2S_c\cos A)\mathrm{d}S_b + (2S_c - 2S_b\cos A)\mathrm{d}S_c + 2S_bS_c\sin A\mathrm{d}A$$

$$\mathrm{d}A = \frac{1}{S_bS_c\sin A}[S_a\mathrm{d}S_a - (S_b - S_c\cos A)\mathrm{d}S_b - (S_c - S_b\cos A)\mathrm{d}S_c]$$

由图 5.7 知

$$S_bS_c\sin A = S_bh_b = (2\text{倍三角形面积}) = S_ah_a,$$

$$S_b - S_c\cos A = S_a\cos C,\quad S_c - S_b\cos A = S_a\cos B$$

故

$$\mathrm{d}A = \frac{1}{h_a}(\mathrm{d}S_a - \cos C\mathrm{d}S_b - \cos B\mathrm{d}S_c)$$

将上式中的微分换成相应的改正数，同时考虑到式中 $\mathrm{d}A$ 的单位是 rad，而角度改止效定以（″）为单位，故上式可写成

$$v_A'' = \frac{\rho''}{h_a}(v_{s_a} - \cos C v_{s_b} - \cos B v_{s_c})$$

这就是角度改正数与三个边长改正数之间的关系式，称为角度改正数方程. 上式规律极为明显，即任意一角（例如 A 角）的改正数等于其对边（S_a 边）的改正数与两个夹边（S_b，S_c 边）的改正数分别与其邻角余弦（S_b 边邻角为 C 角，S_c 边邻角为 B 角）乘积的负值之和，再乘以 ρ'' 为分子，以该角至其对边之高（h_a）为分母的分数.

3. 以边长改正数表示的图形条件方程

按照上述规律，可以写出图 5.5 中角 β_1，β_2，β_3 的角度改正数方程分别为

$$v_{\beta_1}=\frac{\rho''}{h_1}(v_{s_5}-\cos\angle ABCv_{s_1}-\cos\angle ACBv_{s_2})$$

$$v_{\beta_2}=\frac{\rho''}{h_2}(v_{s_6}-\cos\angle ACDv_{s_2}-\cos\angle ADCv_{s_3})$$

$$v_{\beta_3}=\frac{\rho''}{h_3}(v_{s_4}-\cos\angle ABDv_{s_1}-\cos\angle ADBv_{s_3})$$

式中：h_1，h_2，h_3 分别是从 A 点向 β_i（$i=1$，2，3）角对边所做的高. 将上面三式代入大地四边形以角度改正数表示的图形条件，按 v_{s_i}（$i=1$，2，⋯，6）的顺序并项，得四边形的以边长改正数表示的图形条件：

$$\rho''\left(\frac{\cos\angle ABD}{h_3}-\frac{\cos\angle ABC}{h_1}\right)v_{s_1}-\rho''\left(\frac{\cos\angle ACB}{h_1}+\frac{\cos\angle ACD}{h_2}\right)v_{s_2}+$$

$$\rho''\left(\frac{\cos\angle ADB}{h_3}-\frac{\cos\angle ADC}{h_2}\right)v_{s_3}-\frac{\rho''}{h_3}v_{s_4}+\frac{\rho''}{h_1}v_{s_5}+\frac{\rho''}{h_2}v_{s_6}+w=0$$

如果图形中出现已知边时，在条件方程中要把相应于该边的改正数项舍去.

对于图 5.6 中的中点三边形来说，β_1，β_2，β_3 的改正数与各边改正数的关系式为

$$v_{\beta_1}=\frac{\rho''}{h_1}(v_{s_1}-\cos\angle DABv_{s_4}-\cos\angle DBAv_{s_5})$$

$$v_{\beta_2}=\frac{\rho''}{h_2}(v_{s_2}-\cos\angle DBCv_{s_5}-\cos\angle DCBv_{s_6})$$

$$v_{\beta_3}=\frac{\rho''}{h_3}(v_{s_3}-\cos\angle DCAv_{s_6}-\cos\angle DACv_{s_4})$$

将上述关系式代入中点三边形的以角度改正数表示的图形条件，并按 v_{s_i}（$i=1$，2，⋯，6）的顺序并项，得中点三边形的以边长改正数表示的图形条件：

$$\frac{\rho''}{h_1}v_{s_1}+\frac{\rho''}{h_2}v_{s_2}+\frac{\rho''}{h_3}v_{s_3}-\rho''\left(\frac{\cos\angle DAB}{h_1}+\frac{\cos\angle DAC}{h_3}\right)v_{s_4}-$$

$$\rho''\left(\frac{\cos\angle DBA}{h_1}+\frac{\cos\angle DBC}{h_2}\right)v_{s_5}-\rho''\left(\frac{\cos\angle DCB}{h_2}+\frac{\cos\angle DCA}{h_3}\right)v_{s_6}+w=0$$

$$w=\beta_1+\beta_2+\beta_3-360^\circ$$

在具体计算图形条件的系数和闭合差时，一般取边长改正数的单位为 cm，高 h 的单位为 km，ρ'' 取 2.062，而闭合差 w 的单位为（″）. 由观测边长计算系数中的角值，可按余弦定理或下式计算：

$$\tan\frac{A}{2}=\frac{r}{p-S_a},\quad \tan\frac{B}{2}=\frac{r}{p-S_b},\quad \tan\frac{C}{2}=\frac{r}{p-S_c}$$

式中

$$p=(S_a+S_b+S_c)/2,\ r=\sqrt{\frac{(p-S_a)(p-S_b)(p-S_c)}{p}}$$

而高 h 为

$$\begin{cases} h_a=S_b\sin C=S_c\sin B \\ h_b=S_a\sin C=S_c\sin A \\ h_c=S_a\sin B=S_b\sin A \end{cases}$$

5.2.3　以坐标为观测值的条件方程

数字化所得数据是数字化仪或扫描仪对地面点坐标数字化得出的坐标值，该坐标值是仪器机械坐标系统的坐标，经坐标变换得到地面坐标系统中的坐标值. 由于数字化过程有误差，这些坐标被认为是一组观测值而参与平差. 下面举例说明.

1. 直角与直线型条件方程

设有数字化坐标观测值（X_h，Y_h），（X_j，Y_j）和（X_k，Y_k），如图 5.8 所示.

如果两条直线垂直，则 $\beta_0=90°$ 或 $270°$，如 h，j，k 三个点在同一条直线上，则 $\beta_0=180°$ 或 $0°$，故有条件方程为

$$\hat{\alpha}_{jk}-\hat{\alpha}_{jh}=\beta_0 \tag{5.11}$$

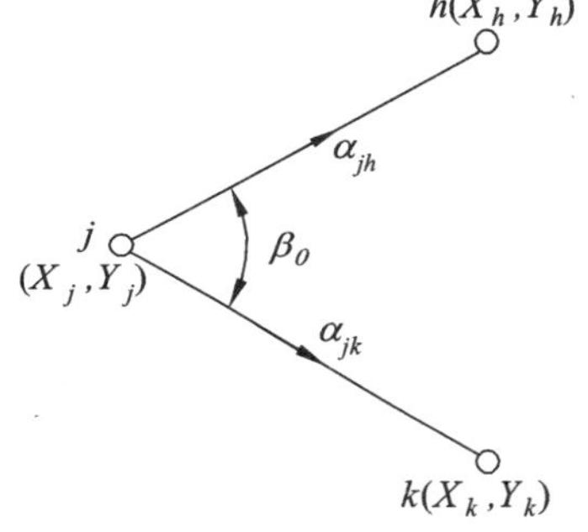

图 5.8　数字化坐标观测值

$$\arctan\frac{(Y_k+v_{y_k})-(Y_j+v_{y_j})}{(X_k+v_{x_k})-(X_j+v_{x_j})}-\arctan\frac{(Y_h+v_{y_h})-(Y_j+v_{y_j})}{(X_h+v_{x_h})-(X_j+v_{x_j})}-\beta_0=0$$

式中左端的第一项为

$$\hat{\alpha}_{j_k}=\arctan\frac{(Y_k+v_{y_k})-(Y_j+v_{y_j})}{(X_k+v_{x_k})-(X_j+v_{x_j})}$$

将上式右端按泰勒公式展开，得

$$\hat{\alpha}_{jk}=\arctan\frac{Y_k-Y_j}{X_k-X_j}+\left(\frac{\partial\hat{\alpha}_{jk}}{\partial\hat{X}_j}\right)_0 v_{x_j}+\left(\frac{\partial\hat{\alpha}_{jk}}{\partial\hat{Y}_j}\right)_0 v_{y_j}+\left(\frac{\partial\hat{\alpha}_{jk}}{\partial\hat{X}_k}\right)_0 v_{x_k}+\left(\frac{\partial\hat{\alpha}_{jk}}{\partial\hat{Y}_k}\right)_0 v_{y_k} \tag{5.12}$$

令

$$\alpha_{jk}^0 = \arctan\frac{Y_k - Y_j}{X_k - X_j}$$

$$\delta\alpha_{jk} = \left(\frac{\partial\hat{\alpha}_{jk}}{\partial\hat{X}_j}\right)_0 v_{x_j} + \left(\frac{\partial\hat{\alpha}_{jk}}{\partial\hat{Y}_j}\right)_0 v_{y_j} + \left(\frac{\partial\hat{\alpha}_{jk}}{\partial\hat{X}_k}\right)_0 v_{x_k} + \left(\frac{\partial\hat{\alpha}_{jk}}{\partial\hat{Y}_k}\right)_0 v_{y_k}$$

式中：$(\ )^0$ 表示用坐标观测值代替坐标平差值计算的偏导数值. 于是，式（5.12）又可写为

$$\hat{\alpha}_{jk} = \alpha_{jk}^0 + \delta\alpha_{jk}$$

因为

$$\left(\frac{\partial\hat{\alpha}_{jk}}{\partial\hat{X}_j}\right)_0 = \frac{Y_k - Y_j}{(X_k - X_j)^2 + (Y_k - Y_j)^2} = \frac{\Delta Y_{jk}^0}{(S_{jk}^0)^2}$$

$$\left(\frac{\partial\hat{\alpha}_{jk}}{\partial\hat{Y}_j}\right)_0 = -\frac{\Delta Y_{jk}^0}{(S_{jk}^0)^2}$$

$$\left(\frac{\partial\hat{\alpha}_{jk}}{\partial\hat{X}_j}\right)_0 = -\frac{\Delta Y_{jk}^0}{(S_{jk}^0)^2}$$

$$\left(\frac{\partial\hat{\alpha}_{jk}}{\partial\hat{Y}_k}\right)_0 = -\frac{\Delta Y_{jk}^0}{(S_{jk}^0)^2}$$

将上列结果代入式（5.12），顾及全式的单位，得

$$\hat{\alpha}_{jk} = \alpha_{jk}^0 + \frac{\rho''\Delta Y_{jk}^0}{(S_{jk}^0)^2} v_{x_j} - \frac{\rho''\Delta X_{jk}^0}{(S_{jk}^0)^2} v_{y_j} - \frac{\rho''\Delta Y_{jk}^0}{(S_{jk}^0)^2} v_{x_k} + \frac{\rho''\Delta X_{jk}^0}{(S_{jk}^0)^2} v_{y_k}$$

同理可得

$$\hat{\alpha}_{jh} = \alpha_{jh}^0 + \delta\alpha_{jh} + \alpha_{jh}^0 + \frac{\rho''\Delta Y_{jh}^0}{(S_{jh}^0)^2} v_{x_j} - \frac{\rho''\Delta X_{jh}^0}{(S_{jh}^0)^2} v_{y_j} - \frac{\rho''\Delta Y_{jh}^0}{(S_{jh}^0)^2} v_{x_h} + \frac{\rho''\Delta X_{jh}^0}{(S_{jh}^0)^2} v_{y_h}$$

将以上两式代入式（5.11），即得条件方程

$$\rho''\left(\frac{\Delta Y_{jk}^0}{(S_{jk}^0)^2} - \frac{\Delta Y_{jh}^0}{(S_{jh}^0)^2}\right) v_{x_j} - \rho''\left(\frac{\Delta X_{jk}^0}{(S_{jk}^0)^2} - \frac{\Delta X_{jh}^0}{(S_{jh}^0)^2}\right) v_{y_j} - \frac{\rho''\Delta Y_{jk}^0}{(S_{jk}^0)^2} v_{x_k} +$$

$$\frac{\rho''\Delta X_{jk}^0}{(S_{jk}^0)^2} v_{y_k} + \frac{\rho''\Delta Y_{jh}^0}{(S_{jh}^0)^2} v_{x_h} - \frac{\rho''\Delta X_{jh}^0}{(S_{jh}^0)^2} v_{y_h} + w = 0$$

及

$$w = \alpha_{jk}^0 - \alpha_{jh}^0 - \beta_0$$

2. 距离型条件方程

数字化所得两点间距离应与已知值相符合，为此所组成的条件方程称为距离型条件方程.

设点 $(\hat{X}_j,\hat{Y}_j)$ 与点 $(\hat{X}_k,\hat{Y}_k)$ 之间距离的已知值为 S_0，其条件方程为

$$[(\hat{Y}_k-\hat{Y}_j)^2+(\hat{X}_k-\hat{X}_j)^2]^{\frac{1}{2}}=S_0$$

将数字化坐标观测值及其改正数代入，并用泰勒公式展开，取至一次项，得条件方程

$$-\frac{\Delta X_{jk}^0}{S_{jk}^0}v_{x_j}-\frac{\Delta Y_{jk}^0}{S_{jk}^0}v_{y_j}+\frac{\Delta X_{jk}^0}{S_{jk}^0}v_{x_k}+\frac{\Delta Y_{jk}^0}{S_{jk}^0}v_{y_k}+w_s=0$$

式中

$$w_s=S_{jk}^0-S_0=[(Y_k-Y_j)^2+(X_k-X_j)^2]^{\frac{1}{2}}-S_0$$

5.3 精度评定

在条件平差中，精度评定包括单位权方差的估值公式、平差值函数的协因素和相应中误差的计算公式. 为此，还要导出有关向量平差后的协因素阵，或称验后协因素阵.

一般情况下，观测向量的协方差阵往往是未知的，为了评定精度，还要利用改正数（残差）$\boldsymbol{V}$ 向量计算单位权方差的估值 $\hat{\sigma}_0^2$，然后才能计算所需要的各向量的协方差阵和任何平差结果的精度.

5.3.1 $\boldsymbol{V}^{\mathrm{T}}\boldsymbol{PV}$ 的计算

二次型 $\boldsymbol{V}^{\mathrm{T}}\boldsymbol{PV}$ 可以利用已经计算出的 $\boldsymbol{V}$ 和已知的 $\boldsymbol{P}$ 来计算，也可以按照以下公式进行计算：

$$\boldsymbol{V}^{\mathrm{T}}\boldsymbol{PV}=(\boldsymbol{QA}^{\mathrm{T}}\boldsymbol{K})^{\mathrm{T}}\boldsymbol{P}(\boldsymbol{QA}^{\mathrm{T}}\boldsymbol{K})=\boldsymbol{K}^{\mathrm{T}}\boldsymbol{AQPQA}^{\mathrm{T}}\boldsymbol{K}=\boldsymbol{K}^{\mathrm{T}}\boldsymbol{N}_{aa}\boldsymbol{K}$$

$$\boldsymbol{V}^{\mathrm{T}}\boldsymbol{PV}=\boldsymbol{V}^{\mathrm{T}}\boldsymbol{P}(\boldsymbol{QA}^{\mathrm{T}}\boldsymbol{K})=\boldsymbol{V}^{\mathrm{T}}\boldsymbol{PQA}^{\mathrm{T}}\boldsymbol{K}=(\boldsymbol{AV})^{\mathrm{T}}\boldsymbol{K}=\boldsymbol{W}^{\mathrm{T}}\boldsymbol{K}=\boldsymbol{W}^{\mathrm{T}}\boldsymbol{N}_{aa}^{-1}\boldsymbol{W}$$

改正数平方和这一二次型函数是测量平差中的一个主要统计量，在误差统计检验和统计分析中常被用到.

5.3.2 单位权方差的估值公式

$$\begin{aligned}\boldsymbol{V}^{\mathrm{T}}\boldsymbol{PV}&=\boldsymbol{W}^{\mathrm{T}}\boldsymbol{K}=\boldsymbol{W}^{\mathrm{T}}\boldsymbol{N}_{aa}^{-1}\boldsymbol{W}\\&=\boldsymbol{\Delta}^{\mathrm{T}}\boldsymbol{A}^{\mathrm{T}}\boldsymbol{N}_{aa}^{-1}\boldsymbol{A}\boldsymbol{\Delta}\quad,\quad \boldsymbol{A}\tilde{\boldsymbol{L}}+\boldsymbol{A}_0=\boldsymbol{0}\;,\quad \boldsymbol{A}\boldsymbol{\Delta}+\boldsymbol{W}=\boldsymbol{0}\\&=tr(\boldsymbol{\Delta}\boldsymbol{\Delta}^{\mathrm{T}}\boldsymbol{A}^{\mathrm{T}}\boldsymbol{N}_{aa}^{-1}\boldsymbol{A})\end{aligned}$$

$$\begin{aligned}E(\boldsymbol{V}^{\mathrm{T}}\boldsymbol{PV})&=tr\left[E(\boldsymbol{\Delta}\boldsymbol{\Delta}^{\mathrm{T}})\boldsymbol{A}^{\mathrm{T}}\boldsymbol{N}_{aa}^{-1}\boldsymbol{A}\right]\\&=tr(\sigma_0^2\boldsymbol{Q}\boldsymbol{A}^{\mathrm{T}}\boldsymbol{N}_{aa}^{-1}\boldsymbol{A})\\&=\sigma_0^2\times tr(\boldsymbol{AQA}^{\mathrm{T}}\boldsymbol{N}_{aa}^{-1})\\&=\sigma_0^2\times tr(\underset{r\times r}{\boldsymbol{I}})\\&=r\sigma_0^2\end{aligned}$$

这样

$$\sigma_0^2=\frac{E(\boldsymbol{V}^{\mathrm{T}}\boldsymbol{PV})}{r}=\frac{E(\boldsymbol{V}^{\mathrm{T}}\boldsymbol{PV})}{n-t}$$

其估值公式为

$$\hat{\sigma}_0^2=\frac{\boldsymbol{V}^{\mathrm{T}}\boldsymbol{PV}}{r}=\frac{\boldsymbol{V}^{\mathrm{T}}\boldsymbol{PV}}{n-t}\;,\quad \hat{\sigma}_0=\sqrt{\frac{\boldsymbol{V}^{\mathrm{T}}\boldsymbol{PV}}{r}}=\sqrt{\frac{\boldsymbol{V}^{\mathrm{T}}\boldsymbol{PV}}{n-t}}$$

5.3.3 协因素阵

在条件平差中，基本向量为 $\boldsymbol{L}$，$\boldsymbol{W}$，$\boldsymbol{K}$，$\boldsymbol{V}$，$\hat{\boldsymbol{L}}$，通过平差计算之后，它们都可以表示为观测向量 $\boldsymbol{L}$ 的函数. 设向量

$$\boldsymbol{Z}=(\boldsymbol{L}\quad \boldsymbol{W}\quad \boldsymbol{K}\quad \boldsymbol{V}\quad \hat{\boldsymbol{L}})^{\mathrm{T}}$$

则 $\boldsymbol{Z}$ 的协因素阵是

$$\boldsymbol{Q}_{ZZ}=\begin{pmatrix}\boldsymbol{Q}_{LL}&\boldsymbol{Q}_{LW}&\boldsymbol{Q}_{LK}&\boldsymbol{Q}_{LV}&\boldsymbol{Q}_{L\hat{L}}\\\boldsymbol{Q}_{WL}&\boldsymbol{Q}_{WW}&\boldsymbol{Q}_{WK}&\boldsymbol{Q}_{WV}&\boldsymbol{Q}_{W\hat{L}}\\\boldsymbol{Q}_{KL}&\boldsymbol{Q}_{KW}&\boldsymbol{Q}_{KK}&\boldsymbol{Q}_{KV}&\boldsymbol{Q}_{K\hat{L}}\\\boldsymbol{Q}_{VL}&\boldsymbol{Q}_{VW}&\boldsymbol{Q}_{VK}&\boldsymbol{Q}_{VV}&\boldsymbol{Q}_{V\hat{L}}\\\boldsymbol{Q}_{\hat{L}L}&\boldsymbol{Q}_{\hat{L}W}&\boldsymbol{Q}_{\hat{L}K}&\boldsymbol{Q}_{\hat{L}V}&\boldsymbol{Q}_{\hat{L}\hat{L}}\end{pmatrix}$$

实际上 $\boldsymbol{Q}_{LL}$ 是已知的，下面求 $\boldsymbol{Q}_{ZZ}$ 中的各协因素阵：

$$\boldsymbol{L}=\boldsymbol{L}$$

$$\boldsymbol{W}=\boldsymbol{AL}+\boldsymbol{A}_0$$

$$K=-N_{aa}^{-1}W=-N_{aa}^{-1}AL-N_{aa}^{-1}A_0$$

$$V=QA^{\mathrm{T}}K=-QA^{\mathrm{T}}N_{aa}^{-1}AL-QA^{\mathrm{T}}N_{aa}^{-1}A_0$$

$$\hat{L}=L+V=(I-QA^{\mathrm{T}}N_{aa}^{-1}A)L-QA^{\mathrm{T}}N_{aa}^{-1}A_0$$

根据协因素传播律，可得随机向量 $L,W,K,V,\hat{L}$ 的协因素阵和互协因素阵表达式

$$Q_{LL}=Q$$

$$Q_{LW}=-QA^{\mathrm{T}}$$

$$Q_{LK}=Q(-N_{aa}^{-1}A)^{\mathrm{T}}=-QA^{\mathrm{T}}N_{aa}^{-1}$$

$$Q_{LV}=Q(QA^{\mathrm{T}}N_{aa}^{-1}A)^{\mathrm{T}}=QA^{\mathrm{T}}N_{aa}^{-1}AQ=Q_{VV}$$

$$Q_{L\hat{L}}=Q(I-QA^{\mathrm{T}}N_{aa}^{-1}A)^{\mathrm{T}}=Q-QA^{\mathrm{T}}N_{aa}^{-1}AQ=Q-Q_{VV}$$

$$Q_{WW}=(-A)Q(-A)^{\mathrm{T}}=N_{aa}$$

$$Q_{WK}=(-A)Q(-N_{aa}^{-1}A)^{\mathrm{T}}=AQA^{\mathrm{T}}N_{aa}^{-1}=I$$

$$Q_{WV}=(-A)Q(-QA^{\mathrm{T}}N_{aa}^{-1}A)^{\mathrm{T}}=AQA^{\mathrm{T}}N_{aa}^{-1}AQ=AQ$$

$$Q_{W\hat{L}}=(-A)Q(I-QA^{\mathrm{T}}N_{aa}^{-1}A)^{\mathrm{T}}=-AQ(I-A^{\mathrm{T}}N_{aa}^{-1}AQ)=0$$

$$Q_{KK}=(-N_{aa}^{-1}A)Q(-N_{aa}^{-1}A)^{\mathrm{T}}=N_{aa}^{-1}$$

$$Q_{KV}=(-N_{aa}^{-1}A)Q(-QA^{\mathrm{T}}N_{aa}^{-1}A)^{\mathrm{T}}=N_{aa}^{-1}AQA^{\mathrm{T}}N_{aa}^{-1}AQ=N_{aa}^{-1}AQ$$

$$Q_{K\hat{L}}=(-N_{aa}^{-1}A)Q(I-QA^{\mathrm{T}}N_{aa}^{-1}A)^{\mathrm{T}}=-N_{aa}^{-1}AQ(I-A^{\mathrm{T}}N_{aa}^{-1}AQ)=0$$

$$Q_{VV}=(-QA^{\mathrm{T}}N_{aa}^{-1}A)\mathrm{Q}(-QA^{\mathrm{T}}N_{aa}^{-1}A)^{\mathrm{T}}=QA^{\mathrm{T}}N_{aa}^{-1}AQA^{\mathrm{T}}N_{aa}^{-1}AQ=QA^{\mathrm{T}}N_{aa}^{-1}AQ$$

$$Q_{V\hat{L}}=(-QA^{\mathrm{T}}N_{aa}^{-1}A)Q(I-QA^{\mathrm{T}}N_{aa}^{-1}A)^{\mathrm{T}}=0$$

$$\begin{aligned}Q_{\hat{L}\hat{L}}&=(I-QA^{\mathrm{T}}N_{aa}^{-1}A)Q(I-QA^{\mathrm{T}}N_{aa}^{-1}A)^{\mathrm{T}}=(Q-QA^{\mathrm{T}}N_{aa}^{-1}AQ)(I-A^{\mathrm{T}}N_{aa}^{-1}AQ)\\&=Q-QA^{\mathrm{T}}N_{aa}^{-1}AQ-QA^{\mathrm{T}}N_{aa}^{-1}AQ+QA^{\mathrm{T}}N_{aa}^{-1}AQA^{\mathrm{T}}N_{aa}^{-1}AQ\\&=Q-QA^{\mathrm{T}}N_{aa}^{-1}AQ\\&=Q-Q_{VV}\end{aligned}$$

将以上结果列于表 5.1 中，以便查询.

表 5.1　条件平差各随机向量的协因素

	$\boldsymbol{L}$	$\boldsymbol{W}$	$\boldsymbol{K}$	$\boldsymbol{V}$	$\hat{\boldsymbol{L}}$
$\boldsymbol{L}$	$\boldsymbol{Q}$	$-\boldsymbol{Q}\boldsymbol{A}^{\mathrm{T}}$	$-\boldsymbol{Q}\boldsymbol{A}^{\mathrm{T}}\boldsymbol{N}_{aa}^{-1}$	$\boldsymbol{Q}_{VV}$	$\boldsymbol{Q}-\boldsymbol{Q}_{VV}$
$\boldsymbol{W}$		$\boldsymbol{N}_{aa}$	$\boldsymbol{I}$	$\boldsymbol{A}\boldsymbol{Q}$	0
$\boldsymbol{K}$			$\boldsymbol{N}_{aa}^{-1}$	$\boldsymbol{N}_{aa}^{-1}\boldsymbol{A}\boldsymbol{Q}$	0
$\boldsymbol{V}$				$\boldsymbol{Q}\boldsymbol{A}^{\mathrm{T}}\boldsymbol{N}_{aa}^{-1}\boldsymbol{A}\boldsymbol{Q}$	0
$\hat{\boldsymbol{L}}$					$\boldsymbol{Q}-\boldsymbol{Q}_{VV}$

5.3.4　平差值函数的协因素

设有平差值函数

$$\hat{\boldsymbol{\phi}}=f(\hat{L}_1,\hat{L}_2,\cdots,\hat{L}_n)$$

考虑到 $\tilde{\boldsymbol{L}}=\boldsymbol{L}+\Delta$， $\hat{\boldsymbol{L}}=\boldsymbol{L}+\boldsymbol{V}$ ，故

$$\hat{\boldsymbol{L}}=\tilde{\boldsymbol{L}}+(\boldsymbol{V}-\Delta)$$

则平差值函数的一阶泰勒展开式是

$$\hat{\boldsymbol{\phi}}=f(\tilde{L}_1,\tilde{L}_2,\cdots,\tilde{L}_n)+\sum\frac{\partial f}{\partial\tilde{L}_i}\bigg|_{\tilde{L}}(V_i-\Delta_i)+\cdots$$

令

$$f_i=\frac{\partial f}{\partial\tilde{L}_i}\bigg|_{\tilde{L}},\quad \boldsymbol{F}=(f_1,f_2,\cdots,f_n)^{\mathrm{T}},\quad f_0=(\tilde{L}_1,\tilde{L}_2,\cdots,\tilde{L}_n)$$

则有

$$\hat{\boldsymbol{\phi}}=f(\tilde{L}_1,\tilde{L}_2,\cdots,\tilde{L}_n)+(\boldsymbol{F}^{\mathrm{T}}\quad -\boldsymbol{F}^{\mathrm{T}})\begin{pmatrix}\boldsymbol{V}\\ \Delta\end{pmatrix}+\cdots$$

$$\begin{aligned}\boldsymbol{Q}_{\hat{\phi}\hat{\phi}}&=(\boldsymbol{F}^{\mathrm{T}}\quad -\boldsymbol{F}^{\mathrm{T}})\begin{pmatrix}\boldsymbol{Q}_{VV} & \boldsymbol{Q}_{V\Delta}\\ \boldsymbol{Q}_{\Delta V} & \boldsymbol{Q}_{\Delta\Delta}\end{pmatrix}\begin{pmatrix}\boldsymbol{F}\\ -\boldsymbol{F}\end{pmatrix}\\ &=\boldsymbol{F}^{\mathrm{T}}\boldsymbol{Q}_{VV}\boldsymbol{F}-\boldsymbol{F}^{\mathrm{T}}\boldsymbol{Q}_{\Delta V}\boldsymbol{F}-\boldsymbol{F}^{\mathrm{T}}\boldsymbol{Q}_{V\Delta}\boldsymbol{F}+\boldsymbol{F}^{\mathrm{T}}\boldsymbol{Q}_{\Delta\Delta}\boldsymbol{F}\end{aligned}$$

因为 $\Delta=\tilde{\boldsymbol{L}}-\boldsymbol{L}$，所以

$$\boldsymbol{Q}_{\Delta\Delta}=\boldsymbol{Q}，\quad \boldsymbol{Q}_{\Delta V}=\boldsymbol{Q}_{LV}=\boldsymbol{Q}_{VV}$$

则

$$\boldsymbol{Q}_{\hat{\varphi}\hat{\varphi}}=\boldsymbol{F}^{\mathrm{T}}\boldsymbol{Q}\boldsymbol{F}-\boldsymbol{F}^{\mathrm{T}}\boldsymbol{Q}_{VV}\boldsymbol{F}=\boldsymbol{F}^{\mathrm{T}}\boldsymbol{Q}_{\hat{L}\hat{L}}\boldsymbol{F}$$

或者

$$\begin{aligned}\boldsymbol{Q}_{\hat{\varphi}\hat{\varphi}}&=\boldsymbol{F}^{\mathrm{T}}\boldsymbol{Q}_{\hat{L}\hat{L}}\boldsymbol{F}\\&=\boldsymbol{F}^{\mathrm{T}}\boldsymbol{Q}\boldsymbol{F}-(\boldsymbol{A}\boldsymbol{Q}\boldsymbol{F})^{\mathrm{T}}\boldsymbol{N}_{aa}^{-1}(\boldsymbol{A}\boldsymbol{Q}\boldsymbol{F})\end{aligned}$$

5.3.5 公式汇编

条件平差的函数模型：

$$\boldsymbol{A}\boldsymbol{\Delta}-\boldsymbol{W}=\boldsymbol{0}，\quad \boldsymbol{W}=-(\boldsymbol{A}\boldsymbol{L}+\boldsymbol{A}_0)$$

随机模型：

$$\boldsymbol{D}=\sigma_0^2\boldsymbol{Q}=\sigma_0^2\boldsymbol{P}^{-1}$$

法方程：

$$\boldsymbol{N}_{aa}\boldsymbol{K}-\boldsymbol{W}=\boldsymbol{0}，\quad \boldsymbol{N}_{aa}=\boldsymbol{A}\boldsymbol{P}^{-1}\boldsymbol{A}^{\mathrm{T}}$$

其解为 $\boldsymbol{K}=\boldsymbol{N}_{aa}^{-1}\boldsymbol{W}$.

改正数方程：

$$\boldsymbol{V}=\boldsymbol{P}^{-1}\boldsymbol{A}^{\mathrm{T}}\boldsymbol{K}=\boldsymbol{Q}\boldsymbol{A}^{\mathrm{T}}\boldsymbol{K}$$

观测值的平差值：

$$\hat{\boldsymbol{L}}=\boldsymbol{L}+\boldsymbol{V}$$

平差值的函数：

$$\hat{\boldsymbol{\varphi}}=f(\hat{L}_1,\hat{L}_2,\cdots,\hat{L}_n)$$

其协因素：

$$\boldsymbol{Q}_{\hat{\varphi}\hat{\varphi}}=\boldsymbol{F}^{\mathrm{T}}\boldsymbol{Q}\boldsymbol{F}-(\boldsymbol{A}\boldsymbol{Q}\boldsymbol{F})^{\mathrm{T}}\boldsymbol{N}_{aa}^{-1}(\boldsymbol{A}\boldsymbol{Q}\boldsymbol{F})，\quad \boldsymbol{F}=(f_1,f_2,\cdots,f_n)^{\mathrm{T}}，\quad f_i=\left.\frac{\partial f}{\partial\tilde{L}_i}\right|_{\hat{L}}$$

单位权方差的估值：

$$\hat{\sigma}_0^2=\frac{\boldsymbol{V}^{\mathrm{T}}\boldsymbol{P}\boldsymbol{V}}{r}=\frac{\boldsymbol{V}^{\mathrm{T}}\boldsymbol{P}\boldsymbol{V}}{n-t}，\quad \hat{\sigma}_0=\sqrt{\frac{\boldsymbol{V}^{\mathrm{T}}\boldsymbol{P}\boldsymbol{V}}{r}}=\sqrt{\frac{\boldsymbol{V}^{\mathrm{T}}\boldsymbol{P}\boldsymbol{V}}{n-t}}$$

平差值函数的方差：

$$\sigma_{\hat{\phi}}^2 = \hat{\sigma}_0^2\left[\boldsymbol{F}^{\mathrm{T}}\boldsymbol{QF} - (\boldsymbol{AQF})^{\mathrm{T}}\boldsymbol{N}_{aa}^{-1}(\boldsymbol{AQF})\right]$$

【例 3】 在测站 O 点等精度观测了 4 个方向，方向观测值为 L_1，L_2，L_3，又知 $\angle AOD = 128°58'40''$ 是精确值. 试以 L_1, L_2, L_3 为平差元素，顾及相关性，按照条件平差法求各角的最或然值和精度.

$$\alpha_1 = 00°00'00''，\quad \alpha_2 = 30°35'28''，\quad \alpha_3 = 70°40'30''，\quad \alpha_4 = 128°58'46''$$

解 角度 L_1, L_2, L_3 的观测值为

$$\boldsymbol{L} = \boldsymbol{F}^{\mathrm{T}}\boldsymbol{\alpha} = \begin{pmatrix} -1 & 1 & 0 & 0 \\ 0 & -1 & 1 & 0 \\ 0 & 0 & -1 & 1 \end{pmatrix}\begin{pmatrix} \alpha_1 \\ \alpha_2 \\ \alpha_3 \\ \alpha_4 \end{pmatrix} = \begin{pmatrix} 30°35'28'' \\ 40°05'02'' \\ 58°18'16'' \end{pmatrix}$$

$$\boldsymbol{Q}_{LL} = \boldsymbol{F}^{\mathrm{T}}\boldsymbol{Q}_{\alpha\alpha}\boldsymbol{F} = \boldsymbol{F}^{\mathrm{T}}\boldsymbol{F} = \begin{pmatrix} 2 & -1 & 0 \\ -1 & 2 & -1 \\ 0 & -1 & 2 \end{pmatrix}$$

已知 $n=3$，$t=2$，$r=n-t=1$，则

$$\hat{L}_1 + \hat{L}_2 + \hat{L}_3 - 128°58'40'' = 0$$

$$V_1 + V_2 + V_3 + 6'' = 0$$

即

$$\boldsymbol{AV} - \boldsymbol{W} = \boldsymbol{0}$$

$$\boldsymbol{A} = (1 \quad 1 \quad 1)，\quad \boldsymbol{W} = -6''$$

$$\boldsymbol{N}_{aa} = \boldsymbol{AQ}_{LL}\boldsymbol{A}^{\mathrm{T}} = (1 \quad 1 \quad 1)\begin{pmatrix} 2 & -1 & 0 \\ -1 & 2 & -1 \\ 0 & -1 & 2 \end{pmatrix}\begin{pmatrix} 1 \\ 1 \\ 1 \end{pmatrix} = 2$$

$$\boldsymbol{K} = \boldsymbol{N}_{aa}^{-1}\boldsymbol{W} = -3''$$

$$\boldsymbol{V} = \boldsymbol{Q}_{LL}\boldsymbol{A}^{\mathrm{T}}\boldsymbol{K} = \begin{pmatrix} 2 & -1 & 0 \\ -1 & 2 & -1 \\ 0 & -1 & 2 \end{pmatrix}\begin{pmatrix} 1 \\ 1 \\ 1 \end{pmatrix}(-3'') = \begin{pmatrix} -3'' \\ 0 \\ -3'' \end{pmatrix}$$

$$\hat{\boldsymbol{L}} = \boldsymbol{L} + \boldsymbol{V} = \begin{pmatrix} 30°35'25'' \\ 40°05'02'' \\ 58°18'13'' \end{pmatrix}$$

$$\boldsymbol{Q}_{\hat{L}\hat{L}} = \boldsymbol{Q}_{LL} - \boldsymbol{Q}_{LL}\boldsymbol{A}^{\mathrm{T}}\boldsymbol{N}_{aa}^{-1}\boldsymbol{A}\boldsymbol{Q}_{LL} = \begin{pmatrix} 1.5 & -1 & -0.5 \\ -1 & 2 & -1 \\ -0.5 & -1 & 1.5 \end{pmatrix}$$

$$\boldsymbol{V}^{\mathrm{T}}\boldsymbol{P}\boldsymbol{V} = \boldsymbol{W}^{\mathrm{T}}\boldsymbol{K} = 18('')^2$$

$$\hat{\sigma}_0^2 = \frac{\boldsymbol{V}^{\mathrm{T}}\boldsymbol{P}\boldsymbol{V}}{r} = 18('')^2$$

$$\sigma_{\hat{L}_1} = \hat{\sigma}_0 \boldsymbol{Q}_{\hat{L}_1\hat{L}_1} = \sqrt{18 \times 1.5('')^2} = \sqrt{24''} = \sigma_{\hat{L}_3}$$

$$\sigma_{\hat{L}_2} = \hat{\sigma}_0 \boldsymbol{Q}_{\hat{L}_2\hat{L}_2} = \sqrt{18 \times 2('')^2} = 6''$$

第6章

附有参数的条件平差

在一个平差问题中，如果观测值的个数是n，必要观测次数是t，则多余观测数是$r=n-t$. 若不增选参数，只需要列出r个条件方程，这就是条件平差. 如果又选定u个独立量为参数（$0<u<t$）参加平差计算，就可以建立含有参数的条件平差方程为平差的函数模型，这就是附有参数的条件平差.

例如：在测站O观测了 4 个角度，得观测值L_1，L_2，L_3和L_4. 在图 6.1 中，必要观测个数是 3，总的观测个数是 4，则多余观测个数是$r=n-t=1$，故按照一般的条件平差法，可得出 1 个条件方程式，即

$$v_1+v_2-v_3+w_1=0\ ,$$
$$w_1=(L_1+L_2-L_3)$$

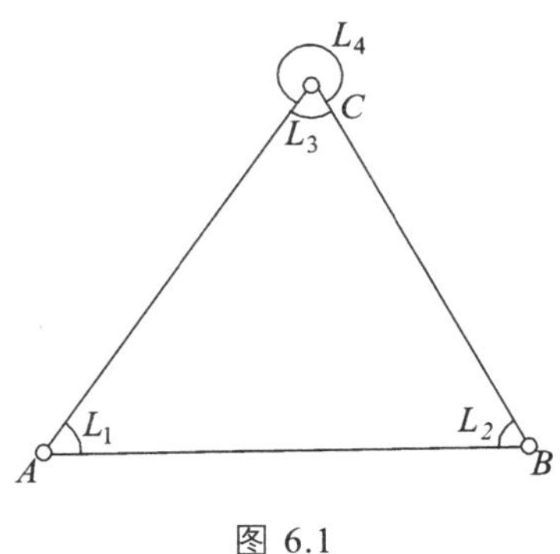

图 6.1

如果选取非观测量$\angle COD=\hat{\boldsymbol{X}}$为未知参数，则多产生 1 个条件，设$\hat{\boldsymbol{X}}=\boldsymbol{X}^0+\hat{\boldsymbol{x}}$，条件方程式是

$$v_2+\hat{\boldsymbol{x}}-v_4+w_2=0\ ,$$
$$w_2=(L_2+\boldsymbol{X}^0-L_4)$$

联立方程，得条件方程

$$\begin{pmatrix}1 & 1 & -1 & 0\\ 0 & 1 & 0 & -1\end{pmatrix}\begin{pmatrix}v_1\\ v_2\\ v_3\\ v_4\end{pmatrix}+\begin{pmatrix}0\\ 1\end{pmatrix}(\hat{\boldsymbol{x}})+\begin{pmatrix}w_1\\ w_2\end{pmatrix}=0$$

或者写为

$$\boldsymbol{AV}+\boldsymbol{B}\hat{\boldsymbol{x}}+\boldsymbol{W}=\boldsymbol{0}$$

此方程即附有参数的条件平差的方程式. 本例仅为便于说明附有参数的条件平差的数学模型而设计，实际上并无必要. 在实际作业中，常常根据平差计算的需要，选取未知参数组成具有参数的条件方程式，以简化平差计算或便于分组平差.

 6.1 基础方程和它的解

在附有参数的条件平差法中，所列的方程式可能有线性的，也有非线性的. 当为非线性方程时，必须将其化为线性化形式. 在第 4 章已经给出其线性或线性化后的函数模型

$$\underset{c\times n}{\boldsymbol{A}}\underset{n\times 1}{\tilde{\boldsymbol{L}}}+\underset{c\times u}{\boldsymbol{B}}\underset{u\times 1}{\tilde{\boldsymbol{X}}}+\underset{c\times 1}{\boldsymbol{A}_0}=\underset{c\times 1}{\boldsymbol{0}}$$

这里 $c=r+u$ ， $c<n$ ， $u<c$. 令 $\tilde{\boldsymbol{L}}=\boldsymbol{L}+\Delta$ ， $\tilde{\boldsymbol{X}}=\boldsymbol{X}^0+\tilde{\boldsymbol{x}}$ （ $\boldsymbol{X}^0$ 为参数的近似值， $\tilde{\boldsymbol{x}}$ 是参数的改正值，它们都是非随机量），则有

$$\boldsymbol{A}\Delta+\boldsymbol{B}\tilde{\boldsymbol{x}}+\boldsymbol{W}=\boldsymbol{0}, \quad \boldsymbol{W}=(\boldsymbol{AL}+\boldsymbol{BX}^0+\boldsymbol{A}_0)$$

间接平差的随机模型是

$$\boldsymbol{D}=\sigma_0^2\boldsymbol{Q}=\sigma_0^2\boldsymbol{P}^{-1}$$

在实际应用中，一般是以平差值（最或然值）代替真值，残差代替真误差，即 $\hat{L}=\boldsymbol{L}+\boldsymbol{V}$ ， $\hat{\boldsymbol{X}}=\boldsymbol{X}^0+\hat{\boldsymbol{x}}$ （ $\boldsymbol{X}^0$ 仍然为非随机量， $\hat{\boldsymbol{L}}$ ， $\boldsymbol{V}$ 和 $\tilde{\boldsymbol{x}}$ 是随机量），则函数模型为

$$\boldsymbol{AV}+\boldsymbol{B}\hat{\boldsymbol{x}}+\boldsymbol{W}=\boldsymbol{0}, \quad \boldsymbol{W}=(\boldsymbol{AL}+\boldsymbol{BX}^0+\boldsymbol{A}_0)$$

按照 $\boldsymbol{V}^{\mathrm{T}}\boldsymbol{PV}=\min$ 求其唯一解. 组成函数

$$\boldsymbol{\phi}=\boldsymbol{V}^{\mathrm{T}}\boldsymbol{PV}-2\boldsymbol{K}^{\mathrm{T}}(\boldsymbol{AV}+\boldsymbol{B}\hat{\boldsymbol{x}}+\boldsymbol{W})$$

$$\frac{\partial\boldsymbol{\phi}}{\partial\boldsymbol{V}}=2\boldsymbol{V}^{\mathrm{T}}\boldsymbol{P}-2\boldsymbol{K}^{\mathrm{T}}\boldsymbol{A}=\boldsymbol{0}, \quad \frac{\partial\boldsymbol{\phi}}{\partial\hat{\boldsymbol{x}}}=-2\boldsymbol{K}^{\mathrm{T}}\boldsymbol{B}=\boldsymbol{0}$$

转置后，得

$$\boldsymbol{V}=\boldsymbol{QA}^{\mathrm{T}}\boldsymbol{K}, \quad \boldsymbol{B}^{\mathrm{T}}\boldsymbol{K}=\boldsymbol{0}$$

则可以组成以下方程组

$$\begin{cases}\boldsymbol{AQA}^{\mathrm{T}}\boldsymbol{K}+\boldsymbol{B}\hat{\boldsymbol{x}}+\boldsymbol{W}=\boldsymbol{0}\\ \boldsymbol{B}^{\mathrm{T}}\boldsymbol{K}+\boldsymbol{0}\hat{\boldsymbol{x}}=\boldsymbol{0}\end{cases}$$

或者

$$\begin{pmatrix} \underset{c\times c}{\boldsymbol{N}_{aa}} & \underset{c\times u}{\boldsymbol{B}} \\ \underset{u\times c}{\boldsymbol{B}^{\mathrm{T}}} & \underset{u\times u}{\boldsymbol{0}} \end{pmatrix}\begin{pmatrix} \underset{c\times 1}{\boldsymbol{K}} \\ \underset{u\times 1}{\hat{\boldsymbol{x}}} \end{pmatrix} = -\begin{pmatrix} \underset{c\times 1}{\boldsymbol{W}} \\ \underset{u\times 1}{\boldsymbol{0}} \end{pmatrix}$$

其中已经令 $\underset{r\times r}{\boldsymbol{N}_{aa}} = \boldsymbol{AQA}^{\mathrm{T}}$.

可见，在法方程中，有 c 个联系系数 $\boldsymbol{K}$ 和 u 个未知参数 $\hat{\boldsymbol{x}}$，而法方程的个数正好是 $c+u$ 个，所以可以进行求解. 当然可以用另一种方法求解，例如

$$\boldsymbol{K} = -\boldsymbol{N}_{aa}^{-1}(\boldsymbol{B}\hat{\boldsymbol{x}}+\boldsymbol{W})$$

$$\boldsymbol{B}^{\mathrm{T}}\boldsymbol{K} = \boldsymbol{0} \Rightarrow -\boldsymbol{B}^{\mathrm{T}}\boldsymbol{N}_{aa}^{-1}(\boldsymbol{B}\hat{\boldsymbol{x}}+\boldsymbol{W}) = \boldsymbol{0} \Rightarrow \hat{\boldsymbol{x}} = -(\boldsymbol{B}^{\mathrm{T}}\boldsymbol{N}_{aa}^{-1}\boldsymbol{B})^{-1}\boldsymbol{B}^{\mathrm{T}}\boldsymbol{N}_{aa}^{-1}\boldsymbol{W}$$

即

$$\hat{\boldsymbol{x}} = -(\boldsymbol{B}^{\mathrm{T}}\boldsymbol{N}_{aa}^{-1}\boldsymbol{B})^{-1}\boldsymbol{B}^{\mathrm{T}}\boldsymbol{N}_{aa}^{-1}\boldsymbol{W}$$

$$\boldsymbol{V} = \boldsymbol{QA}^{\mathrm{T}}\boldsymbol{K} = -\boldsymbol{QA}^{\mathrm{T}}\boldsymbol{N}_{aa}^{-1}(\boldsymbol{B}\hat{\boldsymbol{x}}+\boldsymbol{W})$$

附有参数的条件平差的计算步骤：

（1）根据平差问题的具体情况，设定参数（相互独立，个数小于 t，列出条件方程式，条件方程的个数等于多余观测数 r 与设定未知参数之和）.

（2）根据条件式的系数、闭合差及观测值的权组成法方程式.

（3）解算法方程，求出联系数 $\boldsymbol{K}$ 与 $\hat{\boldsymbol{x}}$ 值.

（4）将 $\boldsymbol{K}$ 与 $\hat{\boldsymbol{x}}$ 的值代入改正数方程式，求出 $\boldsymbol{V}$ 值，并求出平差值与参数平差值.

（5）为了检查平差计算的正确性，常用平差值重新列出平差值条件方程式，看其是否满足方程.

6.2 精度评定

6.2.1 单位权方差的计算

单位权方差的计算，即残差平方和除以平差问题的自由度（多余观测数）：

$$\sigma_0^2 = \frac{E(\boldsymbol{V}^{\mathrm{T}}\boldsymbol{PV})}{r} = \frac{E(\boldsymbol{V}^{\mathrm{T}}\boldsymbol{PV})}{c-u}, \quad \hat{\sigma}_0^2 = \frac{\boldsymbol{V}^{\mathrm{T}}\boldsymbol{PV}}{r} = \frac{\boldsymbol{V}^{\mathrm{T}}\boldsymbol{PV}}{c-u}$$

6.2.2 $V^{\mathrm{T}}PV$ 的计算

$$\begin{aligned} V^{\mathrm{T}}PV &= V^{\mathrm{T}}PQA^{\mathrm{T}}K = (AV)^{\mathrm{T}}K \\ &= \left[-(B\hat{x}+W)\right]^{\mathrm{T}}K \\ &= -\hat{x}^{\mathrm{T}}B^{\mathrm{T}}K - W^{\mathrm{T}}K \\ &= -W^{\mathrm{T}}K \end{aligned}$$

进一步，有

$$\begin{aligned} V^{\mathrm{T}}PV &= -W^{\mathrm{T}}K = W^{\mathrm{T}}N_{aa}^{-1}(B\hat{x}+W) \\ &= W^{\mathrm{T}}N_{aa}^{-1}W + W^{\mathrm{T}}N_{aa}^{-1}B\hat{x} \\ &= W^{\mathrm{T}}N_{aa}^{-1}W + (B^{\mathrm{T}}N_{aa}^{-1}W)^{\mathrm{T}}\hat{x} \\ &= W^{\mathrm{T}}N_{aa}^{-1}W - \hat{x}^{\mathrm{T}}(B^{\mathrm{T}}N_{aa}^{-1}B)^{-1}\hat{x} \end{aligned}$$

6.2.3 协因素阵

由于

$$L = L\text{，}\quad W = (AL + BX^0 + A_0)$$

则有

$$Q_{LL} = Q\text{，}\quad Q_{LW} = -QA^{\mathrm{T}}\text{，}\quad Q_{WW} = AQA^{\mathrm{T}} = N_{aa}$$

由于

$$\hat{x} = (B^{\mathrm{T}}N_{aa}^{-1}B)^{-1}B^{\mathrm{T}}N_{aa}^{-1}W$$

则有

$$Q_{\hat{x}L} = (B^{\mathrm{T}}N_{aa}^{-1}B)^{-1}B^{\mathrm{T}}N_{aa}^{-1}Q_{WL} = -(B^{\mathrm{T}}N_{aa}^{-1}B)^{-1}B^{\mathrm{T}}N_{aa}^{-1}AQ$$

$$Q_{\hat{x}W} = (B^{\mathrm{T}}N_{aa}^{-1}B)^{-1}B^{\mathrm{T}}N_{aa}^{-1}Q_{WW} = (B^{\mathrm{T}}N_{aa}^{-1}B)^{-1}B^{\mathrm{T}}$$

$$Q_{\hat{x}\hat{x}} = (B^{\mathrm{T}}N_{aa}^{-1}B)^{-1}B^{\mathrm{T}}Q_{WW}B(B^{\mathrm{T}}N_{aa}^{-1}B)^{-1} = (B^{\mathrm{T}}N_{aa}^{-1}B)^{-1}$$

由于

$$K = N_{aa}^{-1}(W - B\hat{x})$$

则有

$$Q_{KL} = N_{aa}^{-1}(Q_{WL} - BQ_{\hat{x}L}) = -Q_{KK}AQ$$

$$Q_{KW} = N_{aa}^{-1}(Q_{WW} - BQ_{\hat{x}W}) = -Q_{kk}N_{aa}$$

$$Q_{K\hat{X}} = N_{aa}^{-1}(Q_{W\hat{X}} - BQ_{\hat{X}\hat{X}}) = N_{aa}^{-1}[B(B^{\mathrm{T}}N_{aa}^{-1}B)^{-1} - B(B^{\mathrm{T}}N_{aa}^{-1}B)^{-1}] = 0$$

$$Q_{KK} = N_{aa}^{-1}[Q_{WW} - Q_{W\hat{X}}B^{\mathrm{T}} - BQ_{\hat{X}W} + BQ_{\hat{X}\hat{X}}B^{\mathrm{T}}]N_{aa}^{-1} = -Q_{kk}N_{aa}$$

由于

$$V = QA^{\mathrm{T}}K$$

则有

$$Q_{VL} = QA^{\mathrm{T}}Q_{KL} = QA^{\mathrm{T}}Q_{KK}AQ = -Q_{VV}$$

$$Q_{VW} = QA^{\mathrm{T}}Q_{KW} = -QA^{\mathrm{T}}Q_{kk}N_{aa}$$

$$Q_{V\hat{X}} = QA^{\mathrm{T}}Q_{K\hat{X}} = 0$$

$$Q_{VV} = QA^{\mathrm{T}}Q_{KK}AQ$$

由于

$$\hat{L} = L + V$$

则有

$$Q_{\hat{L}L} = Q + Q_{VL} = Q - Q_{VV}$$

$$Q_{\hat{L}W} = Q_{LW} + Q_{VW} = QA^{\mathrm{T}}N_{aa}^{-1}BQ_{\hat{x}\hat{x}}B^{\mathrm{T}}$$

$$Q_{\hat{L}K} = Q_{LK} + Q_{VK} = 0$$

$$Q_{\hat{L}\hat{X}} = Q_{L\hat{X}} + Q_{V\hat{X}} = Q_{L\hat{X}} = 0$$

$$Q_{\hat{L}V} = Q_{LV} + Q_{VV} = Q_{LK}AQ + QA^{\mathrm{T}}Q_{KK}AQ = 0$$

$$Q_{\hat{L}\hat{L}} = Q + Q_{LV} + Q_{VL} + Q_{VV} = Q - Q_{VV}$$

6.2.4 平差值函数的协因素

$$\begin{aligned} z &= f(\hat{L}_1, \hat{L}_2, \cdots, \hat{L}_n; \hat{X}_1, \hat{X}_2, \cdots, \hat{X}_u) \\ &= f_0 + \sum f_i \Delta_i + \sum k_i x_i + \cdots \\ &= f_0 + F^{\mathrm{T}}\Delta + K^{\mathrm{T}}\hat{x} + \cdots \end{aligned}$$

$$\Delta z = F^{\mathrm{T}}\Delta + K^{\mathrm{T}}\hat{x} = \begin{pmatrix} F^{\mathrm{T}} & K^{\mathrm{T}} \end{pmatrix} \begin{pmatrix} \Delta \\ \hat{x} \end{pmatrix}$$

$$\frac{1}{p_z} = \begin{pmatrix} F^{\mathrm{T}} & K^{\mathrm{T}} \end{pmatrix} \begin{pmatrix} Q_{LL} & Q_{L\hat{X}} \\ Q_{\hat{X}L} & Q_{\hat{X}\hat{X}} \end{pmatrix} \begin{pmatrix} F \\ K \end{pmatrix}$$

$$\hat{\sigma}_z = \hat{\sigma}_0 \sqrt{\frac{1}{p_z}}$$

6.3 公式汇编

附有参数的条件平差函数模型：

$$\boldsymbol{AV}+\boldsymbol{B}\hat{\boldsymbol{x}}+\boldsymbol{W}=\boldsymbol{0}，\quad \boldsymbol{W}=(\boldsymbol{AL}+\boldsymbol{BX}^{0}+\boldsymbol{A}_{0})$$

随机模型：

$$\boldsymbol{D}=\sigma_0^2\boldsymbol{Q}=\sigma_0^2\boldsymbol{P}^{-1}$$

法方程：

$$\begin{pmatrix}\underset{c\times c}{\boldsymbol{N}_{aa}} & \underset{c\times u}{\boldsymbol{B}}\\ \underset{u\times c}{\boldsymbol{B}^{\mathrm{T}}} & \underset{u\times u}{\boldsymbol{0}}\end{pmatrix}\begin{pmatrix}\underset{c\times 1}{\boldsymbol{K}}\\ \underset{u\times 1}{\hat{\boldsymbol{x}}}\end{pmatrix}=\begin{pmatrix}\underset{c\times 1}{\boldsymbol{W}}\\ \underset{u\times 1}{0}\end{pmatrix}，\text{其中 } \underset{r\times r}{\boldsymbol{N}_{aa}}=\boldsymbol{AQA}^{\mathrm{T}}$$

法方程的解：

$$\hat{\boldsymbol{x}}=-(\boldsymbol{B}^{\mathrm{T}}\boldsymbol{N}_{aa}^{-1}\boldsymbol{B})^{-1}\boldsymbol{B}^{\mathrm{T}}\boldsymbol{N}_{aa}^{-1}\boldsymbol{W}\ ,\quad \boldsymbol{K}=-\boldsymbol{N}_{aa}^{-1}(\boldsymbol{B}\hat{\boldsymbol{x}}+\boldsymbol{W})$$

$$\boldsymbol{V}=\boldsymbol{QA}^{\mathrm{T}}\boldsymbol{K}$$

$$\hat{\boldsymbol{L}}=\boldsymbol{L}+\boldsymbol{V}$$

$$\hat{\boldsymbol{X}}=\boldsymbol{X}^{0}+\hat{\boldsymbol{x}}$$

单位权方差：

$$\hat{\sigma}_0^2=\frac{\boldsymbol{V}^{\mathrm{T}}\boldsymbol{PV}}{r}=\frac{\boldsymbol{V}^{\mathrm{T}}\boldsymbol{PV}}{c-u}$$

平差参数的方差：

$$\boldsymbol{D}_{\hat{x}\hat{x}}=\hat{\sigma}_0^2\boldsymbol{Q}_{\hat{x}\hat{x}}=\hat{\sigma}_0^2(\boldsymbol{B}^{\mathrm{T}}\boldsymbol{N}_{aa}^{-1}\boldsymbol{B})^{-1}$$

平差值函数的权倒数和中误差：

$$\Delta z=\boldsymbol{F}^{\mathrm{T}}\Delta\boldsymbol{L}+\boldsymbol{F}_X^{\mathrm{T}}\hat{\boldsymbol{x}}\ ,$$

$$\frac{1}{p_z}=\begin{pmatrix}\boldsymbol{F}^{\mathrm{T}} & \boldsymbol{F}_X^{\mathrm{T}}\end{pmatrix}\begin{pmatrix}\boldsymbol{Q}_{LL} & \boldsymbol{Q}_{L\hat{X}}\\ \boldsymbol{Q}_{\hat{X}L} & \boldsymbol{Q}_{\hat{X}\hat{X}}\end{pmatrix}\begin{pmatrix}\boldsymbol{F}\\ \boldsymbol{F}_X\end{pmatrix}，\quad \hat{\sigma}_z=\hat{\sigma}_0\sqrt{\frac{1}{p_z}}$$

第7章

间接平差

7.1 间接平差原理

间接平差是通过选定t个独立的参数，将每个观测值分别表示成这t个独立参数的函数，建立函数模型，按照最小二乘原理，用求自由极值的方法解出参数的最或然值，从而求得各观测值的平差值.

间接平差的函数模型是

$$\tilde{\boldsymbol{L}}=\boldsymbol{B}\tilde{\boldsymbol{X}}+\boldsymbol{d}$$

令

$$\tilde{\boldsymbol{L}}=\boldsymbol{L}+\boldsymbol{\Delta}, \quad \tilde{\boldsymbol{X}}=\boldsymbol{X}^0+\tilde{\boldsymbol{x}}$$

（$\boldsymbol{X}^0$为参数的近似值，$\tilde{\boldsymbol{x}}$是参数的改正值，它们都是非随机量）

则有

$$\boldsymbol{\Delta}=\boldsymbol{B}\tilde{\boldsymbol{x}}-\boldsymbol{l}, \quad \boldsymbol{l}=-(\boldsymbol{B}\boldsymbol{X}^0+\boldsymbol{d}-\boldsymbol{L})$$

间接平差的随机模型是

$$\boldsymbol{D}=\sigma_0^2\boldsymbol{Q}=\sigma_0^2\boldsymbol{P}^{-1}$$

在实际应用中，一般是以平差值（最或然值）代替真值，残差代替真误差，即$\hat{\boldsymbol{L}}=\boldsymbol{L}+\boldsymbol{V}$，$\hat{\boldsymbol{X}}=\boldsymbol{X}^0+\hat{\boldsymbol{x}}$（$\boldsymbol{X}^0$仍然为非随机量，$\hat{\boldsymbol{L}},\boldsymbol{V}$和$\tilde{\boldsymbol{x}}$是随机量），则平差的函数模型是

$$\boldsymbol{V}=\boldsymbol{B}\hat{\boldsymbol{x}}-\boldsymbol{l}, \quad \boldsymbol{l}=-(\boldsymbol{B}\boldsymbol{X}^0+\boldsymbol{d}-\boldsymbol{L})$$

称之为误差方程. 由于误差方程的个数是 n，待求量 $\hat{\boldsymbol{x}}$ 和残差 $\boldsymbol{V}$ 的个数分别是 t,n，因此有 $t+n$ 个参数需要求解，而 $n<n+t$，故由误差方程不能完全求解所需参数，但是可以按照 $\boldsymbol{V}^{\mathrm{T}}\boldsymbol{P}\boldsymbol{V}=\min$ 求得其唯一解.

7.1.1 间接平差的基础方程及其解

对误差方程 $\boldsymbol{V}=\boldsymbol{B}\hat{\boldsymbol{x}}-\boldsymbol{l}$ 按照求函数自由极值的方法，得

$$\frac{\mathrm{d}\boldsymbol{V}^{\mathrm{T}}\boldsymbol{P}\boldsymbol{V}}{\mathrm{d}\hat{\boldsymbol{x}}}=2\boldsymbol{V}^{\mathrm{T}}\boldsymbol{P}\frac{\mathrm{d}\boldsymbol{V}}{\mathrm{d}\hat{\boldsymbol{x}}}=2\boldsymbol{V}^{\mathrm{T}}\boldsymbol{P}\boldsymbol{B}=\boldsymbol{0}$$

转置后，得

$$\boldsymbol{B}^{\mathrm{T}}\boldsymbol{P}\boldsymbol{V}=\boldsymbol{0}$$

把误差方程代入上式，则误差方程的法方程为

$$\boldsymbol{B}^{\mathrm{T}}\boldsymbol{P}\boldsymbol{B}\hat{\boldsymbol{x}}-\boldsymbol{B}^{\mathrm{T}}\boldsymbol{P}\boldsymbol{l}=\boldsymbol{0}$$

令

$$\underset{t\times t}{\boldsymbol{N}_{bb}}=\boldsymbol{B}^{\mathrm{T}}\boldsymbol{P}\boldsymbol{B}\text{，}\quad \underset{t\times 1}{\boldsymbol{W}}=\boldsymbol{B}^{\mathrm{T}}\boldsymbol{P}\boldsymbol{l}$$

法方程可写为

$$\boldsymbol{N}_{bb}\hat{\boldsymbol{x}}-\boldsymbol{W}=\boldsymbol{0}$$

那么 $\hat{\boldsymbol{x}}$ 有唯一解

$$\hat{\boldsymbol{x}}=\boldsymbol{N}_{bb}^{-1}\boldsymbol{W}$$

得到 $\hat{\boldsymbol{x}}$ 后，代入误差方程可得残差向量 $\boldsymbol{V}$，进而可得观测值的平差值 $\hat{\boldsymbol{L}}=\boldsymbol{L}+\boldsymbol{V}$.

7.1.2 间接平差的计算步骤

间接平差的计算步骤：

（1）根据平差问题的性质，选择 t 个独立量作为参数.

（2）将每一个观测量的平差值分别表达成所选参数的函数，若函数为非线性，则要将其线性化，列出误差方程 $\boldsymbol{V}=\boldsymbol{B}\hat{\boldsymbol{x}}-\boldsymbol{l}$.

（3）由误差方程系数 $\boldsymbol{N}_{bb}=\boldsymbol{B}^{\mathrm{T}}\boldsymbol{P}\boldsymbol{B}$，$\boldsymbol{W}=\boldsymbol{B}^{\mathrm{T}}\boldsymbol{P}\boldsymbol{l}$ 组成方程 $\boldsymbol{N}_{bb}\hat{\boldsymbol{x}}-\boldsymbol{W}=\boldsymbol{0}$，法方程的个数等于参数的个数.

（4）解算法方程，求出参数 $\hat{\boldsymbol{x}}=\boldsymbol{N}_{bb}^{-1}\boldsymbol{W}$，计算参数的平差值 $\hat{\boldsymbol{X}}=\boldsymbol{X}^{0}+\hat{\boldsymbol{x}}$.

（5）代入误差方程，计算 $\boldsymbol{V}=\boldsymbol{B}\hat{\boldsymbol{x}}-\boldsymbol{l}$，求出观测值的平差值 $\hat{\boldsymbol{L}}=\boldsymbol{L}+\boldsymbol{V}$.

【例 1】 水准网中，已知水准点 A 的高程是 $H_A=237.483\text{ m}$，为求 B , C 和 D 的高程，进行了水准测量，测得高差 $L_i(i=1,2,\cdots,5)$ 和水准路线长度 $S_i(i=1,2,\cdots,5)$ 如表 7.1 所示. 试按照间接平差方法求 B , C 和 D 的高程平差值.

表 7.1　观测高差和水准路线长度

水准路线 i	观测高差 L_i/m	路线长度 S_i/km
1	5.835	3.5
2	3.782	2.7
3	9.640	4.0
4	7.384	3.0
5	2.270	2.5

解　已知 $n=5$，$t=3$，选取 B，C 和 D 的高程为参数，即 $\tilde{X}_1=H_B$，$\tilde{X}_2=H_C$，$\tilde{X}_3=H_C$. 根据所示水准路线列出误差方程，即

$$\begin{cases} L_1+V_1=\hat{X}_1-H_A \\ L_2+V_2=\hat{X}_1-\hat{X}_2 \\ L_3+V_3=\hat{X}_2-H_A \\ L_4+V_4=\hat{X}_2-\hat{X}_3 \\ L_5+V_5=\hat{X}_3-H_A \end{cases}$$

参数的近似值选为

$$X_1^0=H_A+L_1,\quad X_2^0=H_A+L_3,\quad X_3^0=H_A+L_5$$

这样，后续计算时只需要计算未知参数近似值的改正数，即 $\hat{x}_1$，$\hat{x}_2$，$\hat{x}_3$，它们之间存在下列关系：

$$\hat{X}_1=X_1^0+\hat{x}_1,\quad \hat{X}_2=X_2^0+\hat{x}_2,\quad \hat{X}_3=X_3^0+\hat{x}_3$$

将上式代入误差方程，得

$$\begin{pmatrix} V_1 \\ V_2 \\ V_3 \\ V_4 \\ V_5 \end{pmatrix}=\begin{pmatrix} 1 & 0 & 0 \\ -1 & 1 & 0 \\ 0 & 1 & 0 \\ 0 & 1 & -1 \\ 0 & 0 & -1 \end{pmatrix}\begin{pmatrix} \hat{x}_1 \\ \hat{x}_2 \\ \hat{x}_3 \end{pmatrix}-\begin{pmatrix} 0 \\ -23 \\ 0 \\ 14 \\ 0 \end{pmatrix}\ (\text{mm})$$

取 10 km 的观测高差为单位权观测，即

$$p_i=10/S_i$$

观测值的权分别是

$$p_1=2.9,\quad p_2=3.7,\quad p_3=2.5,\quad p_4=3.3,\quad p_5=4.0$$

$$\hat{\boldsymbol{x}}=\begin{pmatrix}\hat{x}_1\\\hat{x}_2\\\hat{x}_3\end{pmatrix}=\boldsymbol{N}_{bb}^{-1}\boldsymbol{W}=(\boldsymbol{B}^{\mathrm{T}}\boldsymbol{PB})^{-1}\boldsymbol{W}=\begin{pmatrix}11.75\\-2.04\\-7.25\end{pmatrix}\ (\mathrm{mm})$$

$$\boldsymbol{V}=\boldsymbol{B}\hat{\boldsymbol{x}}-\boldsymbol{l}=\begin{pmatrix}12\\9\\-2\\-9\\-7\end{pmatrix}\ (\mathrm{mm})$$

故得平差值

$$\hat{X}_1=X_1^0+\hat{x}_1=243.330\,,\quad \hat{X}_2=X_2^0+\hat{x}_2=247.121\,,$$

$$\hat{X}_3=X_3^0+\hat{x}_3=239.746\,,\quad \hat{\boldsymbol{L}}=\boldsymbol{L}+\boldsymbol{V}$$

7.2 误差方程

按间接平差法进行平差计算，第一步就是列出误差方程. 为此，要确定平差问题中待定参数的个数、参数的选择以及误差方程的建立.

7.2.1 确定待定参数的个数

在间接平差中，待定参数的个数必须等于必要观测的个数t，而且要求这t个参数必须相互独立. 这样，才有可能将每个观测量表达成这t个独立参数的函数，而这种类型的函数式正是间接平差的函数模型的基本形式. 就水准网而言，如果水准网中有高程已知的水准点，则t等于待定点的个数；若无已知水准点，则t等于全部点数减 1，因为这一点的高程可以任意假定，从而作为全网高程的基准，这样不影响网点高程之间的相对关系.

7.2.2 参数的选择

综上所述，采用间接平差，应当选定刚好t个且函数独立的一组量作为参数. 对于应该选择哪些量作为参数，应按实际需要和是否便于计算而定.

7.2.3 测角网的坐标平差

1. 观测角度的误差方程

如图 7.1 所示，j, h 和 k 为控制网中的待定点，L 为角度观测值. 选择待定点 j, h

和 k 的坐标为未知参数，相应的近似值为

$$(X_j^0,Y_j^0),(X_h^0,Y_h^0),(X_k^0,Y_k^0)$$

设近似坐标的改正数为 $(\hat{x}_j,\hat{y}_j),(\hat{x}_h,\hat{y}_h),(\hat{x}_k,\hat{y}_k)$，则有

$$\begin{cases}\hat{X}_j = X_j^0+\hat{x}_j\\ \hat{Y}_j = Y_j^0+\hat{y}_j\end{cases},$$

$$\begin{cases}\hat{X}_h = X_h^0+\hat{x}_h\\ \hat{Y}_h = Y_h^0+\hat{y}_h\end{cases},$$

$$\begin{cases}\hat{X}_k = X_k^0+\hat{x}_k\\ \hat{Y}_k = Y_k^0+\hat{y}_k\end{cases}$$

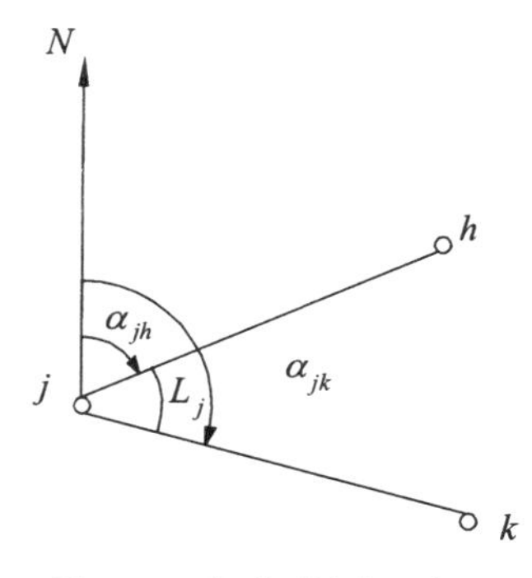

图 7.1　角度观测示意图

观测角度的误差方程就是列立观测角度与坐标参数之间的函数关系. 由图 7.1 可得

$$\hat{L}_j=\hat{\alpha}_{jk}-\hat{\alpha}_{jh} \tag{7.1}$$

式中：α_{jk}，α_{jh} 分别为 jk 和 jh 方向的坐标方位角. 坐标方位角又可表示为

$$\hat{\alpha}_{jk}=\arctan\frac{\hat{Y}_k-\hat{Y}_j}{\hat{X}_k-\hat{X}_j}=\arctan\frac{(Y_k^0+\hat{y}_k)-(Y_j^0+\hat{y}_j)}{(X_k^0+\hat{x}_k)-(X_j^0+\hat{x}_j)}$$

将上式按泰勒级数展开，取至一次项，略去二次及以上项，得线性化后的公式

$$\hat{\alpha}_{jk}=\arctan\frac{Y_k^0-Y_j^0}{X_k^0-X_j^0}+\left(\frac{\partial\hat{\alpha}_{jk}}{\partial\hat{X}_j}\right)_0\hat{x}_j+\left(\frac{\partial\hat{\alpha}_{jk}}{\partial\hat{Y}_j}\right)_0\hat{y}_j+\left(\frac{\partial\hat{\alpha}_{jk}}{\partial\hat{X}_k}\right)_0\hat{x}_k+\left(\frac{\partial\hat{\alpha}_{jk}}{\partial\hat{Y}_k}\right)_0\hat{y}_k$$

或

$$\hat{\alpha}_{jk}-\arctan\frac{Y_k^0-Y_j^0}{X_k^0-X_j^0}=\left(\frac{\partial\hat{\alpha}_{jk}}{\partial\hat{X}_j}\right)_0\hat{x}_j+\left(\frac{\partial\hat{\alpha}_{jk}}{\partial\hat{Y}_j}\right)_0\hat{y}_j+\left(\frac{\partial\hat{\alpha}_{jk}}{\partial\hat{X}_k}\right)_0\hat{x}_k+\left(\frac{\partial\hat{\alpha}_{jk}}{\partial Y_k}\right)_0\hat{y}_k$$

上式左边为方位角的改正数，设为 $\delta_{\alpha_{jk}}$，则有

$$\delta_{\alpha_{jk}}=\left(\frac{\partial\hat{\alpha}_{jk}}{\partial\hat{X}_j}\right)_0\hat{x}_j+\left(\frac{\partial\hat{\alpha}_{jk}}{\partial\hat{Y}_j}\right)_0\hat{y}_j+\left(\frac{\partial\hat{\alpha}_{jk}}{\partial\hat{X}_k}\right)_0\hat{x}_k+\left(\frac{\partial\hat{\alpha}_{jk}}{\partial\hat{Y}_k}\right)_0\hat{y}_k \tag{7.2}$$

由求导公式可知

$$\left(\frac{\partial\hat{\alpha}_{jk}}{\partial\hat{X}_j}\right)_0=\frac{\dfrac{Y_k^0-Y_j^0}{(X_k^0-X_j^0)^2}}{1+\left(\dfrac{Y_k^0-Y_j^0}{X_k^0-X_j^0}\right)^2}=\frac{\Delta Y_{jk}^0}{(S_{jk}^0)^2}$$

$$\left(\frac{\partial\hat{\alpha}_{jk}}{\partial\hat{Y}_j}\right)_0=\frac{-\frac{1}{(X_k^0-X_j^0)}}{1+\left(\frac{Y_k^0-Y_j^0}{X_k^0-X_j^0}\right)^2}=-\frac{\Delta X_{jk}^0}{(S_{jk}^0)^2}$$

同理可得

$$\left(\frac{\partial\hat{\alpha}_{jk}}{\partial\hat{X}_k}\right)_0=-\frac{\Delta Y_{jk}^0}{(S_{jk}^0)^2}$$

$$\left(\frac{\partial\hat{\alpha}_{jk}}{\partial\hat{Y}_k}\right)_0=\frac{\Delta X_{jk}^0}{(S_{jk}^0)^2}$$

将以上各式代入式（7.2），得

$$\delta_{\alpha_{jk}}=\frac{\Delta Y_{jk}^0}{(S_{jk}^0)^2}\hat{x}_j-\frac{\Delta X_{jk}^0}{(S_{jk}^0)^2}\hat{y}_j-\frac{\Delta Y_{jk}^0}{(S_{jk}^0)^2}\hat{x}_k+\frac{\Delta X_{jk}^0}{(S_{jk}^0)^2}\hat{y}_k \tag{7.3}$$

上式称为方位角改正数方程.

实际计算时，一般取方位角改正数单位为“秒”，坐标改正数单位为“厘米”，坐标增量和边长近似值以“米”为单位，这时式（7.3）应为

$$\delta_{\alpha_{jk}}=\frac{\rho''\Delta Y_{jk}^0}{(S_{jk}^0)^2\times100}\hat{x}_j-\frac{\rho''\Delta X_{jk}^0}{(S_{jk}^0)^2\times100}\hat{y}_j-\frac{\rho''\Delta Y_{jk}^0}{(S_{jk}^0)^2\times100}\hat{x}_k+\frac{\rho''\Delta X_{jk}^0}{(S_{jk}^0)^2\times100}\hat{y}_k \tag{7.4}$$

进一步设方向系数

$$a_{jk}=\frac{\rho''\Delta Y_{jk}^0}{(S_{jk}^0)^2\times100}=\frac{\rho''\sin\alpha_{jk}^0}{S_{jk}^0\times100},\quad b_{jk}=-\frac{\rho''\Delta X_{jk}^0}{(S_{jk}^0)^2\times100}=-\frac{\rho''\cos\alpha_{jk}^0}{S_{jk}^0\times100}$$

则 jk 方向的方位角改正数方程为

$$\delta_{\alpha_{jk}}=a_{jk}\hat{x}_j+b_{jk}\hat{y}_j-a_{jk}\hat{x}_k-b_{jk}\hat{y}_k \tag{7.5}$$

由式（7.2）知

$$L_j+v_j=(\alpha_{jk}^0+\delta_{\alpha_{jk}})-(\alpha_{jh}^0+\delta_{\alpha_{jh}})$$

整理得，观测角度的误差方程为

$$v_j=\delta_{\alpha_{jk}}-\delta_{\alpha_{jh}}-f_j \tag{7.6}$$

式中：$-f_j=(\alpha_{jk}^0-\alpha_{jh}^0)-L_j$.

按照式（7.4）得到的两个方向的方位角改正数代入（7.6）并整理，得角度误差方程的具体形式，即

$$v_j=(a_{jk}-a_{jh})\hat{x}_j-(b_{jk}-b_{jh})\hat{y}_j-a_{jk}\hat{x}_k-b_{jk}\hat{y}_k+a_{jh}\hat{x}_h+b_{jh}\hat{y}_h-f_j$$

$$=\left(\frac{\rho''\Delta Y_{jk}^0}{(S_{jk}^0)^2\times 100}-\frac{\rho''\Delta Y_{jh}^0}{(S_{jh}^0)^2\times 100}\right)\hat{x}_j-\left(-\frac{\rho''\Delta X_{jk}^0}{(S_{jk}^0)^2\times 100}+\frac{\rho''\Delta X_{jh}^0}{(S_{jh}^0)^2\times 100}\right)\hat{y}_j-$$

$$\frac{\rho''\Delta Y_{jk}^0}{(S_{jk}^0)^2\times 100}\hat{x}_k+\frac{\rho''\Delta X_{jk}^0}{(S_{jk}^0)^2\times 100}\hat{y}_k+\frac{\rho''\Delta Y_{jh}^0}{(S_{jh}^0)^2\times 100}\hat{x}_h-\frac{\rho''\Delta X_{jh}^0}{(S_{jh}^0)^2\times 100}\hat{y}_h-f_j$$

可见，列立角度误差方程的关键是建立角度所对应的两个方向的方位角改正数方程. 关于方位角改正数方程，给出几点说明：

（1）方位角改正数方程由该方向的起、终点坐标改正数乘以方向系数 a 和 b 组成，且本站的坐标改正数前方向系数为“+”. 对站的坐标改正数前方向系数为“–”，见式（7.5）.

（2）当方向的起、终点均为待定点时，坐标改正数 $\hat{x}_j$， $\hat{x}_k$ 和 $\hat{y}_j$， $\hat{y}_k$ 的系数大小相等但符号相反.

（3）若某点坐标为已知，则对应坐标改正数为零，如 j 点为已知点，则 $\hat{x}_j=\hat{y}_j=0$. 这时坐标改正数方程为 $\delta_{\alpha_{jk}}=-a_{jk}\hat{x}_k-b_{jk}\hat{y}_k$；若 jk 方向的两个端点均为已知，则坐标方位角改正数方程为 $\delta_{\alpha_{jk}}=0$.

（4）同一边的正反坐标方位角改正数方程相等.

综上所述，三角网坐标平差时角度误差方程列立的步骤归纳为：

（1）根据已知点坐标以及观测角度值推算各个待定点的近似坐标.

（2）根据已知点坐标和待定点近似坐标推算各边的近似边长、近似方位角.

（3）计算误差方程系数 a_{jk}， b_{jk}，以及常数项 f_j.

（4）写出以待定点坐标为未知参数的误差方程.

【例 2】 如图 7.2 所示，在高级点 A，B 下加密新点 P_1， P_2 的三角网中，等精度独立观测了 9 个角度值 L_1，L_2，…，L_9，观测值列于表 7.3 中，起算数据见表 7.2. 试以 P_1，P_2 点坐标为未知数，按照间接平差法求：

（1） P_1， P_2 点的坐标平差值；

（2） P_1， P_2 点的点位中误差.

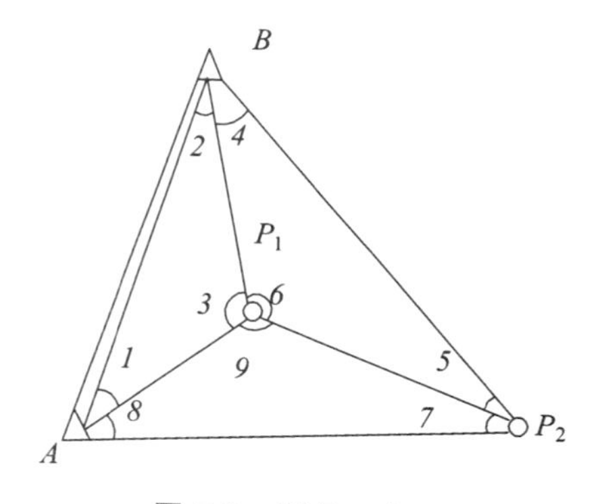

图 7.2　测角三角网

表 7.2　起算数据

点名	坐标/m		坐标方位角	边长/m
	X	Y		
A B	6 613.389 14 781.825	63 471.447 65 325.492	12°47′17.30″	8 376.206

表 7.3　观测数据

编号	观测角度值	编号	观测角度值	编号	观测角度值
L_1	23°45′13.4″	L_4	30°52′42.5″	L_7	33°40′52.6″
L_2	28°26′5.6″	L_5	42°16′38.9″	L_8	20°58′22.7″
L_3	127°48′39.0″	L_6	106°50′41.2″	L_9	125°20′39.8″

解　根据题意，观测数 $n=9$，必要观测数 $t=2\times2=4$，选择两个待定点坐标为未知参数，即 $(\hat{X}_1,\hat{Y}_1),(\hat{X}_2,\hat{Y}_2)$.

（1）根据已知点坐标以及观测值，计算待定点 P_1 和 P_2 的近似坐标，结果见表 7.4.

表 7.4　近似坐标

点名	X/m	Y/m	点名	X/m	Y/m
P_1	10 669.394	66 477.321	P_2	10 601.272	69 734.761

（2）计算待定边的近似边长 S^0、近似坐标方位角 α^0、误差方程的系数 a，b，结果见表 7.5.

表 7.5　方向系数

方向	ΔX^0/m	ΔY^0/m	S^0/m	α^0	a/(s/cm)	b/(s/cm)
P_1-A	− 4 056.005	− 3 005.874	5 048.4	216°32′30.69″	− 0.243 3	0.328 3
P_1-B	4 112.431	− 1 151.829	4 270.7	344°21′11.71″	− 0.130 3	− 0.465 1
P_1-P_2	− 68.122	3 257.440	3 258.2	91° 11′52.93″	0.632 9	0.013 2
P_2-A	− 3 987.883	− 6 263.314	7 245.1	237°30′53.61″	− 0.234 3	0.149 2
P_2-B	4 180.553	− 4 409.269	6 076.1	313°28′29.21″	− 0.246 3	− 0.234 6

（3）计算误差方程常数项 $-f$，根据误差方程系数 a，b（见表 7.5），计算误差方程各系数项即可组成误差方程，结果见表 7.6.

表 7.6　误差方程

角号 \ 参数	$a/\hat{x}_1$	$b/\hat{y}_1$	$c/\hat{x}_2$	$d/\hat{y}_2$	$-f(″)$
1	− 0.243 3	0.328 3	0	0	− 0.01
2	0.130 3	0.465 1	0	0	− 0.01
3	0.113	− 0.793 4	0	0	2.02
4	− 0.130 3	− 0.465 1	0.246 3	− 0.233 6	0.00
5	− 0.632 9	− 0.013 2	0.386 6	− 0.220 4	− 2.62
6	0.763 2	0.478 3	− 0.632 9	− 0.013 2	0.02
7	0.632 9	0.013 2	− 0.398 6	− 0.162 4	6.72
8	0.243 3	− 0.328 3	− 0.234 3	0.149 2	0.22
9	− 0.876 2	0.315 1	0.632 9	0.013 2	− 2.04

（4）组成和解算法方程. 因为是等精度独立观测，故可设观测值权阵为单位阵，即 $\boldsymbol{P}=\boldsymbol{I}$.

法方程的形式：

$$\boldsymbol{B}^{\mathrm{T}}\boldsymbol{P}\boldsymbol{B}\hat{x}-\boldsymbol{B}^{\mathrm{T}}\boldsymbol{P}\boldsymbol{f}=\boldsymbol{0}$$

系数阵为

$$\boldsymbol{B}^{\mathrm{T}}\boldsymbol{P}\boldsymbol{B}=\begin{pmatrix} 2.316\ 4 & -0.022\ 5 & -1.623\ 6 & 0.081\ 8 \\ -0.022\ 5 & 1.606\ 1 & -0.151\ 3 & 0.058\ 3 \\ -1.623\ 6 & -0.151\ 3 & 1.225\ 0 & -0.096\ 3 \\ 0.081\ 8 & 0.058\ 3 & -0.096\ 3 & 0.152\ 1 \end{pmatrix}$$

常数项为

$$\boldsymbol{B}^{\mathrm{T}}\boldsymbol{P}\boldsymbol{f}=[-7.996\ 1 \quad 2.195\ 8 \quad 5.045\ 2 \quad 0.509\ 8]^{\mathrm{T}}$$

法方程的解为

$$\hat{\boldsymbol{x}}=[-5.615\ 0 \quad 0.863\ 7 \quad -2.885\ 8 \quad 4.213\ 7]^{\mathrm{T}}\ (\mathrm{cm})$$

解得参数改正数，代入误差方程，可得观测值改正数解

$$\boldsymbol{V}=[1.639\ 7 \quad -0.339\ 9 \quad 0.700\ 3 \quad -1.358\ 5 \quad -1.122\ 0 \quad -2.081\ 5 \quad 3.643\ 7 \quad -0.124\ 8 \quad 1.381\ 2]^{\mathrm{T}}(")$$

（5）计算待定点坐标的平差值. 按照 $\hat{X}_i=\hat{X}_i^0+\hat{x}_i/100$，计算 P_1 和 P_2 点的坐标平差值，结果见表 7.7.

表 7.7　坐标平差值

点名	$\hat{X}$/m	$\hat{Y}$/m	点名	$\hat{X}$/m	$\hat{Y}$/m
P_1	10 669.338	66 477.330	P_2	10 601.243	69 734.803

（6）计算点位中误差. 单位权中误差估值为

$$\hat{\sigma}_0=\sqrt{[pvv]/r}=2.28''$$

未知数平差值的协因数阵为

$$\boldsymbol{Q}_{\hat{X}}=(\boldsymbol{B}^{\mathrm{T}}\boldsymbol{P}\boldsymbol{B})^{-1}=\begin{pmatrix} 8.169\ 2 & 1.082\ 5 & 11.136\ 9 & 2.239\ 2 \\ 1.082\ 5 & 0.779\ 4 & 1.538\ 2 & 0.092\ 7 \\ 11.136\ 9 & 1.538\ 2 & 16.047\ 9 & 3.576\ 2 \\ 21.239\ 2 & 0.092\ 7 & 3.576\ 2 & 7.596\ 6 \end{pmatrix}$$

所以

$$\boldsymbol{Q}_{\hat{X}_1}=8.169\ 2,\ \boldsymbol{Q}_{\hat{Y}_1}=0.779\ 4,\ \boldsymbol{Q}_{\hat{X}_2}=16.047\ 9,\ \boldsymbol{Q}_{\hat{Y}_2}=7.596\ 6$$

待定点坐标平差值的中误差为

$$\hat{\sigma}_{\hat{X}_1}=\hat{\sigma}_0\sqrt{\boldsymbol{Q}_{\hat{X}_1}}=6.5\ (\text{cm}),\ \ \hat{\sigma}_{\hat{Y}_1}=\hat{\sigma}_0\sqrt{\boldsymbol{Q}_{\hat{Y}_1}}=2.0\ (\text{cm}),$$

$$\hat{\sigma}_{\hat{X}_2}=\hat{\sigma}_0\sqrt{\boldsymbol{Q}_{\hat{X}_2}}=9.1\ (\text{cm}),\ \ \hat{\sigma}_{\hat{Y}_2}=\hat{\sigma}_0\sqrt{\boldsymbol{Q}_{\hat{Y}_2}}=6.3\ (\text{cm})$$

点位中误差为

$$\hat{\sigma}_{P_1}=\sqrt{\hat{\sigma}_{\hat{X}_1}^2+\hat{\sigma}_{\hat{Y}_1}^2}=6.8\ (\text{cm}),\ \ \hat{\sigma}_{P_2}=\sqrt{\hat{\sigma}_{\hat{X}_2}^2+\hat{\sigma}_{\hat{Y}_2}^2}=11.1\ (\text{cm})$$

2. 观测边长的误差方程

对于测边三角网，如果选定待定点坐标为未知参数，则需要建立观测边长与未知参数之间的函数关系，即观测边长的误差方程式.

如图 7.3 所示，j,k 为控制网中的待定点，测得待定点间的边长为 L_i，设待定点坐标平差值 $(\hat{X}_j,\hat{Y}_j),(\hat{X}_k,\hat{Y}_k)$ 为未知数，且有

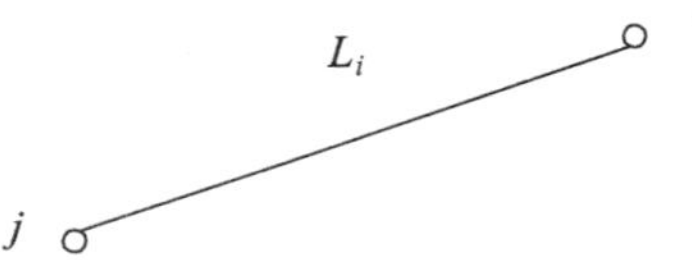

图 7.3　边长观测示意图

$$\begin{cases}\hat{X}_j=X_j^0+\hat{x}_j\\ \hat{Y}_j=Y_j^0+\hat{y}_j\end{cases},\quad \begin{cases}\hat{X}_k=X_k^0+\hat{x}_k\\ \hat{Y}_k=Y_k^0+\hat{y}_k\end{cases}$$

式中：X^0, Y^0 为坐标近似值；$\hat{x}$, $\hat{y}$ 为坐标近似值改正数.

观测边长的平差值可表示为

$$\hat{L}_i=L_i+v_i=\sqrt{(\hat{X}_k-\hat{X}_j)^2+(\hat{Y}_k-\hat{Y}_j)^2}$$

上式按照泰勒级数展开，取零次项和一次项，得线性化后的误差方程

$$\hat{L}_i=L_i+v_i=S_{jk}^0+\left(\frac{\partial\hat{\boldsymbol{L}}}{\partial\hat{X}_j}\right)_0\hat{x}_j+\left(\frac{\partial\hat{\boldsymbol{L}}}{\partial\hat{Y}_j}\right)_0\hat{y}_j+\left(\frac{\partial\hat{\boldsymbol{L}}}{\partial\hat{X}_k}\right)_0\hat{x}_k+\left(\frac{\partial\hat{\boldsymbol{L}}}{\partial\hat{Y}_k}\right)_0\hat{y}_k \tag{7.7}$$

式中

$$\left(\frac{\partial\hat{\boldsymbol{L}}}{\partial\hat{X}_j}\right)_0=-\frac{\Delta X_{jk}^0}{S_{jk}^0},\ \left(\frac{\partial\hat{\boldsymbol{L}}}{\partial\hat{Y}_j}\right)_0=-\frac{\Delta Y_{jk}^0}{S_{jk}^0},\ \left(\frac{\partial\hat{\boldsymbol{L}}}{\partial\hat{X}_k}\right)_0=\frac{\Delta X_{jk}^0}{S_{jk}^0},\ \left(\frac{\partial\hat{\boldsymbol{L}}}{\partial\hat{Y}_k}\right)_0=\frac{\Delta Y_{jk}^0}{S_{jk}^0}$$

$$S_{jk}^0=\sqrt{(X_k^0-X_j^0)^2+(Y_k^0-Y_j^0)^2}$$

代入式（7.7），整理得边长观测的误差方程式

$$v_i=-\frac{\Delta X_{jk}^0}{S_{jk}^0}\hat{x}_j-\frac{\Delta Y_{jk}^0}{S_{jk}^0}\hat{y}_j+\frac{\Delta X_{jk}^0}{S_{jk}^0}\hat{x}_k+\frac{\Delta Y_{jk}^0}{S_{jk}^0}\hat{y}_k-f_i \tag{7.8}$$

其中：$-f_i=S_{jk}^0-L_i$.

在实际计算时，$v_i,\hat{x}_j,\hat{y}_j,\hat{x}_k,\hat{y}_k,f_i$ 为同量纲的，即当 f_i 以 cm 为单位时，坐标近

似值也以 cm 为单位. 式（7.8）是观测边坐标平差时误差方程的一般形式，即假定两端都是待定点的情形. 显然，两个端点的同类坐标改正数系数大小相等但符号相反. 如果有一个端点如 j 为已知点，则对应坐标改正数为零，即 $\hat{x}_j = \hat{y}_j = 0$，误差方程为

$$v_i = \frac{\Delta X_{jk}^0}{S_{jk}^0}\hat{x}_k + \frac{\Delta Y_{jk}^0}{S_{jk}^0}\hat{y}_k - f_i$$

如两端点均为已知点，则该边不存在误差方程.

【例 3】如图 7.4 所示的测边网中，起算数据及观测边长（视为同精度）见表 7.8，试按坐标平差法求各待定点坐标的平差值，并评定精度.

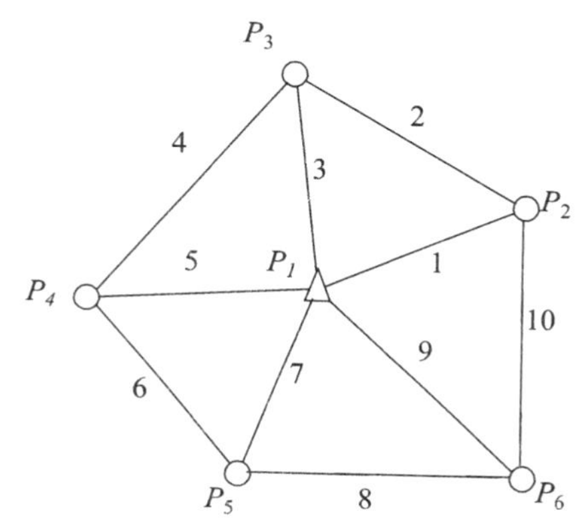

图 7.4　测边网

表 7.8　起算数据、观测值

点名	坐标/m		坐标方位角	至何点	
	X	Y			
P_1	48 580.285	60 500.496	96°21′04.62″	P_2	
边号	观测边长	边号	观测边长	边号	观测边长
1	5 760.706	4	7 838.880	7	5 438.382
2	7 804.566	5	5 483.158	8	7 493.323
3	5 187.342	6	5 731.788	9	8 884.587
				10	7 228.367

解　本题中，$t = 9$，若设全部待定点坐标为未知参数，即 $\hat{X}_i, \hat{Y}_i\ (i = 2,3,4,5,6)$，则参数之间不独立，或者说存在限制条件，所以是一个附有限制条件的间接平差问题.

（1）推算待定点的近似坐标. 先计算 P_2 点的近似坐标：

$$X_2^0 = 48\ 580.285 + 5\ 760.706\cos 96°21'04.62'' = 47\ 943.013\ (\text{m})$$
$$Y_2^0 = 60\ 500.496 + 5\ 760.706\cos 96°21'04.62'' = 66\ 225.845\ (\text{m})$$

然后逐点推算其余各点的近似坐标，全部近似坐标值见表 7.9.

表 7.9　近似坐标

点名	P_2	P_3	P_4	P_5	P_6
X^0	47 943.013	53 743.151	48 681.398	43 767.234	40 843.239
Y^0	66 225.845	61 003.810	55 018.270	57 968.590	64 867.876

（2）计算观测边误差方程的系数. 由 P_1 点的已知坐标及表 7.9 的近似坐标计算观测边误差方程系数，其结果见表 7.10.

表 7.10　误差方程系数

边号	端点	ΔX^0/m	ΔY^0/m	ΔS^0/m	$\frac{-\Delta X^0}{S^0}$	$\frac{-\Delta Y^0}{S^0}$
1	P_1-P_2	−637.272	5 725.349	5 760.706 27	0.110 6	−0.993 9
2	P_2-P_3	5 800.138	−5 222.035	7 804.565 99	−0.743 2	0.669 1
3	P_1-P_3	5 162.866	503.314	5 187.341 35	−0.995 3	−0.097 0
4	P_3-P_4	−5 061.753	−5 985.540	7 838.879 55	0.645 7	0.763 6
5	P_1-P_4	101.113	−5 482.226	5 483.158 37	−0.018 4	0.999 8
6	P_4-P_5	−4 914.164	2 950.320	5 731.788 20	0.857 4	−0.514 7
7	P_1-P_5	−4 813.051	−2 531.906	5 438.382 84	0.885 0	0.465 6
8	P_5-P_6	−2 923.995	6 899.286	7 493.323 30	0.390 2	−0.920 7
9	P_1-P_6	−7 737.046	4 767.380	8 884.587 13	0.870 8	−0.491 6
10	P_6-P_2	7 099.774	1 357.969	7 228.476 37	−0.982 2	−0.187 9

（3）组成误差方程. 这里采用消去不独立未知数的解法平差. 与 P_2 点相连的有 1，2 及 10 号边，由表 7.10 中的系数先列出三边的误差方程，即

$$v_1=-0.110\,6\hat{x}_2+0.993\,9\hat{y}_2-f_1$$
$$v_2=-0.743\,2\hat{x}_2+0.669\,1\hat{y}_2+0.743\,2\hat{x}_3-0.669\,1\hat{y}_3-f_2$$
$$v_{10}=0.982\,2\hat{x}_2+0.187\,9\hat{y}_2-0.982\,2\hat{x}_6-0.187\,9\hat{y}_6-f_{10}$$

限制条件式 $\hat{\alpha}_{12}=\arctan\dfrac{\hat{Y}_2-\hat{Y}_1}{\hat{X}_2-\hat{X}_1}=\alpha_{12}$，线性化并代入已知数据，得

$$\hat{x}_2=-\frac{0.039\,6}{0.359\,9}\hat{y}_2=-0.111\,3\hat{y}_2$$

将上式代入误差方程式并消去未知数 $\hat{x}_2$，得

$$v_1=1.006\,2\hat{y}_2-f_1$$
$$v_2=0.751\,8\hat{y}_2+0.743\,2\hat{x}_3-0.669\,1\hat{y}_3-f_2$$
$$v_{10}=0.078\,6\hat{y}_2-0.982\,2\hat{x}_6-0.187\,9\hat{y}_6-f_{10}$$

由此，可写出全部误差方程，其结果见表 7.11. 这时，我们将附有限制条件的间接平差转化为间接平差进行计算.

表 7.11　误差方程

边号	端点	$\hat{y}_2$	$\hat{x}_3$	$\hat{y}_3$	$\hat{x}_4$	$\hat{y}_4$	$\hat{x}_5$	$\hat{y}_5$	$\hat{x}_6$	$\hat{y}_6$	$-f$/cm
1	P_1-P_2	1.006 2	•	•	•	•	•	•	•	•	0.027
2	P_2-P_3	0.751 8	0.743 2	0.669 1	•	•	•	•	•	•	−0.001
3	P_1-P_3	•	0.995 3	0.097 0	•	•	•	•	•	•	−0.065
4	P_3-P_4	•	0.645 7	0.763 6	−0.645 7	−0.763 6	•	•	•	•	−0.045
5	P_1-P_4	•	•	•	0.018 4	−0.999 8	•	•	•	•	0.037
6	P_4-P_5	•	•	•	0.857 4	−0.514 7	−0.857 4	0.514 7	•	•	0.020
7	P_1-P_5	•	•	•	•	•	−0.885 0	−0.465 6	•	•	0.084
8	P_5-P_6	•	•	•	•	•	0.390 2	−0.920 7	−0.390 2	0.920 7	0.030
9	P_1-P_6	•	•	•	•	•	•	•	−0.870 8	0.491 6	0.015
10	P_6-P_2	0.078 6	•	•	•	•	•	•	−0.982 2	−0.187 9	10.937

（4）组成和解算法方程，并计算法方程系数阵的逆阵.

法方程系数阵、常数项分别为

$$\boldsymbol{N}_{bb}=\boldsymbol{B}^{\mathrm{T}}\boldsymbol{P}\boldsymbol{B}=$$

$$\begin{pmatrix} 1.583\,8 & 0.558\,7 & 0.503\,0 & 0 & 0 & 0 & 0 & -0.077\,2 & -0.014\,8 \\ 0.558\,7 & 1.959\,9 & 1.086\,9 & -0.416\,9 & -0.493\,1 & 0 & 0 & 0 & 0 \\ 0.503\,0 & 1.086\,9 & 1.040\,2 & -0.493\,1 & -0.583\,1 & 0 & 0 & 0 & 0 \\ 0 & -0.416\,9 & -0.493\,1 & 1.152\,4 & 0.033\,4 & -0.735\,1 & 0.441\,3 & 0 & 0 \\ 0 & -0.493\,1 & -0.583\,1 & 0.033\,4 & 1.847\,6 & 0.441\,3 & -0.264\,9 & 0 & 0 \\ 0 & 0 & 0 & -0.735\,1 & 0.441\,3 & 1.670\,6 & -0.388\,5 & -0.152\,3 & 0.359\,3 \\ 0 & 0 & 0 & 0.441\,3 & -0.264\,9 & -0.388\,5 & 1.329\,4 & 0.359\,3 & -0.847\,7 \\ -0.077\,2 & 0 & 0 & 0 & 0 & -0.152\,3 & 0.359\,3 & 1.875\,3 & -0.602\,8 \\ -0.014\,8 & 0 & 0 & 0 & 0 & 0.359\,3 & -0.847\,7 & -0.602\,8 & 1.124\,7 \end{pmatrix}$$

$$\boldsymbol{f}_e=\boldsymbol{B}^{\mathrm{T}}\boldsymbol{P}\boldsymbol{f}=[-0.886\,1\ \ 0.094\,5\ \ 0.041\,3\ \ -0.046\,9\ \ 0.012\,9\ \ 0.079\,8\ \ 0.056\,4\ \ 10.767\,1\ \ 2.020]^{\mathrm{T}}$$

解法方程，得未知数的改正数

$$\hat{\boldsymbol{x}}=\boldsymbol{N}_{bb}^{-1}\boldsymbol{f}_e=[0.754\,8\ \ 0.591\,9\ \ -3.170\,5\ \ -5.920\,4\ \ 1.033\,8\ \ -3.133\,3\ \ 7.073\,3\ \ 8.190\,2\ \ 12.528\,0]^{\mathrm{T}}\,(\mathrm{cm})$$

$$\boldsymbol{V}=\boldsymbol{B}\hat{\boldsymbol{x}}-\boldsymbol{f}=[0.786\,4\ \ -1.115\,1\ \ 0.216\,6\ \ 0.949\,5\ \ -1.105\,6\ \ 0.738\,8\ \ -0.436\,4\ \ 0.633\,7\ \ -0.958\,3\ \ 0.597\,9]^{\mathrm{T}}\,(\mathrm{cm})$$

（5）计算未知数的平差值. 将解得的 $\hat{y}_2$ 代入 $\hat{x}_2=-0.111\,3\hat{y}$ 中，得

$$\hat{x}_2=-0.084\,0$$

计算各待定点的坐标平差值，结果见表 7.12.

表 7.12　坐标平差值

单位：m

点名	P_2	P_3	P_4	P_5	P_6
$\hat{X}$	47 943.021	53 743.153	48 681.387	43 767.230	40 843.229
$\hat{Y}$	66 225.834	61 003.820	55 018.277	57 968.596	64 868.882

（6）计算点位中误差.

单位权中误差估值为

$$\hat{\sigma}_0 = \sqrt{\frac{[pvv]}{r}} = 2.539\ 0$$

法方程系数阵的逆阵（未知参数的协因数阵）为

$$\boldsymbol{N}_{bb}^{-1} = (\boldsymbol{B}^{\mathrm{T}}\boldsymbol{PB})^{-1} =$$

$$\begin{pmatrix}
0.893\ 0 & 0.058\ 0 & -0.865\ 7 & -0.615\ 5 & -0.145\ 4 & -0.229\ 8 & 0.323\ 1 & 0.074\ 7 & 0.368\ 7 \\
0.058\ 0 & 1.268\ 7 & -1.583\ 5 & -0.370\ 8 & -0.096\ 4 & -0.134\ 8 & 0.180\ 4 & 0.017\ 7 & 0.189\ 3 \\
-0.865\ 7 & -1.583\ 5 & 4.428\ 5 & 2.257\ 8 & 0.577\ 5 & 0.824\ 9 & -1.113\ 7 & -0.137\ 1 & -1.187\ 8 \\
-0.615\ 5 & -0.370\ 8 & 2.257\ 8 & 3.431\ 0 & -0.095\ 6 & 1.503\ 1 & -2.010\ 2 & -0.195\ 9 & -2.108\ 4 \\
-0.145\ 4 & -0.096\ 4 & 0.577\ 5 & -0.095\ 6 & 0.806\ 0 & -0.249\ 0 & 0.328\ 1 & 0.018\ 6 & 0.334\ 9 \\
-0.229\ 8 & -0.134\ 8 & 0.824\ 9 & 1.503\ 1 & -0.209\ 0 & 1.363\ 2 & -0.841\ 2 & -0.099\ 5 & -1.125\ 9 \\
0.323\ 1 & 0.180\ 4 & -1.113\ 7 & -2.010\ 1 & 0.328\ 1 & -0.841\ 2 & 2.749\ 4 & 0.208\ 0 & 2.456\ 7 \\
0.074\ 7 & 0.017\ 7 & -0.137\ 1 & -0.195\ 9 & 0.018\ 6 & -0.099\ 5 & 0.208\ 0 & 0.663\ 7 & 0.545\ 2 \\
0.368\ 7 & 0.189\ 3 & -1.187\ 8 & -2.108\ 4 & 0.334\ 9 & -1.125\ 9 & 2.456\ 7 & 0.545\ 2 & 3.397\ 6
\end{pmatrix}$$

待定点坐标中误差的计算公式为

$$\hat{\sigma}_{\hat{X}_i} = \hat{\sigma}_0\sqrt{Q_{\hat{X}_i}}\ ,\quad \hat{\sigma}_{\hat{Y}_i} = \hat{\sigma}_0\sqrt{Q_{\hat{Y}_i}}$$

点位中误差的计算公式为

$$\hat{\sigma}_{P_i} = \sqrt{\hat{\sigma}_{\hat{X}_i}^2 + \hat{\sigma}_{\hat{Y}_i}^2}$$

计算各点的纵、横坐标平差值中误差、点位中误差，结果见表 7.13.

表 7.13　点位中误差

编号	2	3	4	5	6
$\hat{\sigma}_{\hat{X}_i}$/cm	0.800 4	2.859 8	4.702 9	2.964 4	2.068 4
$\hat{\sigma}_{\hat{Y}_i}$/cm	2.399 2	5.343 0	2.279 5	4.210 0	4.679 9
$\hat{\sigma}_{P_i}$/cm	2.529 2	6.060 2	5.226 2	5.148 9	5.116 6

7.3　精度评定

7.3.1　$\boldsymbol{V}^{\mathrm{T}}\boldsymbol{PV}$ 的计算

$$\boldsymbol{V} = \boldsymbol{B}\hat{\boldsymbol{x}} - \boldsymbol{l}\ ,\quad \boldsymbol{N}_{bb}\hat{\boldsymbol{x}} - \boldsymbol{W} = 0$$

$$\begin{aligned}
\boldsymbol{V}^{\mathrm{T}}\boldsymbol{PV} &= (\boldsymbol{B}\hat{\boldsymbol{x}} - \boldsymbol{l})^{\mathrm{T}}\boldsymbol{P}(\boldsymbol{B}\hat{\boldsymbol{x}} - \boldsymbol{l}) \\
&= \hat{\boldsymbol{x}}^{\mathrm{T}}\boldsymbol{B}^{\mathrm{T}}\boldsymbol{PB}\hat{\boldsymbol{x}} - \hat{\boldsymbol{x}}^{\mathrm{T}}\boldsymbol{B}^{\mathrm{T}}\boldsymbol{Pl} - \boldsymbol{l}^{\mathrm{T}}\boldsymbol{PB}\hat{\boldsymbol{x}} + \boldsymbol{l}^{\mathrm{T}}\boldsymbol{Pl} \\
&= (\boldsymbol{N}_{bb}^{-1}\boldsymbol{W})^{\mathrm{T}}\boldsymbol{N}_{bb}(\boldsymbol{N}_{bb}^{-1}\boldsymbol{W}) - (\boldsymbol{N}_{bb}^{-1}\boldsymbol{W})^{\mathrm{T}}\boldsymbol{W} - \boldsymbol{W}^{\mathrm{T}}(\boldsymbol{N}_{bb}^{-1}\boldsymbol{W}) + \boldsymbol{l}^{\mathrm{T}}\boldsymbol{Pl} \\
&= \boldsymbol{l}^{\mathrm{T}}\boldsymbol{Pl} - \boldsymbol{W}^{\mathrm{T}}\boldsymbol{N}_{bb}^{-1}\boldsymbol{W} \\
&= \boldsymbol{l}^{\mathrm{T}}\boldsymbol{Pl} - (\boldsymbol{N}_{bb}\hat{\boldsymbol{x}})^{\mathrm{T}}\hat{\boldsymbol{x}} \\
&= \boldsymbol{l}^{\mathrm{T}}\boldsymbol{Pl} - \hat{\boldsymbol{x}}^{\mathrm{T}}\boldsymbol{N}_{bb}\hat{\boldsymbol{x}}
\end{aligned}$$

7.3.2 单位权方差

$$\boldsymbol{\Delta}=\boldsymbol{B}\tilde{\boldsymbol{x}}-\boldsymbol{l}，\ \boldsymbol{V}=\boldsymbol{B}\hat{\boldsymbol{x}}-\boldsymbol{l}$$

则有

$$\boldsymbol{V}=\boldsymbol{B}(\hat{\boldsymbol{x}}-\tilde{\boldsymbol{x}})+\boldsymbol{\Delta}$$

将来 $(\hat{\boldsymbol{x}}-\tilde{\boldsymbol{x}})\rightarrow\hat{\boldsymbol{x}}$，$-\boldsymbol{l}\rightarrow\boldsymbol{\Delta}$，则

$$\begin{aligned}E(\boldsymbol{V}^{\mathrm{T}}\boldsymbol{P}\boldsymbol{V})&=E\left\{tr\left[\boldsymbol{\Delta}^{\mathrm{T}}\boldsymbol{P}\boldsymbol{\Delta}-\boldsymbol{\Delta}^{\mathrm{T}}\boldsymbol{P}\boldsymbol{B}\boldsymbol{B}_{bb}^{-1}\boldsymbol{B}^{\mathrm{T}}\boldsymbol{P}\boldsymbol{\Delta}\right]\right\}\\&=E\left\{tr\left[\boldsymbol{\Delta}^{\mathrm{T}}(\underset{n\times n}{\boldsymbol{I}}-\boldsymbol{P}\boldsymbol{B}\boldsymbol{B}_{bb}^{-1}\boldsymbol{B}^{\mathrm{T}})\boldsymbol{P}\boldsymbol{\Delta}\right]\right\}\\&=tr\left[\boldsymbol{P}\boldsymbol{E}(\boldsymbol{\Delta}\boldsymbol{\Delta}^{\mathrm{T}})(\underset{n\times n}{\boldsymbol{I}}-\boldsymbol{P}\boldsymbol{B}\boldsymbol{B}_{bb}^{-1}\boldsymbol{B}^{\mathrm{T}})\right]\\&=\sigma_0^2 tr(\underset{n\times n}{\boldsymbol{I}}-\boldsymbol{P}\boldsymbol{B}\boldsymbol{B}_{bb}^{-1}\boldsymbol{B}^{\mathrm{T}})\\&=\sigma_0^2\left[tr(\underset{n\times n}{\boldsymbol{I}})-tr(\boldsymbol{P}\boldsymbol{B}\boldsymbol{B}_{bb}^{-1}\boldsymbol{B}^{\mathrm{T}})\right]\\&=\sigma_0^2\left[n-tr(\boldsymbol{B}^{\mathrm{T}}\boldsymbol{P}\boldsymbol{B}\boldsymbol{B}_{bb}^{-1})\right]\\&=\sigma_0^2\left[n-t\right]\end{aligned}$$

那么，单位权方差是

$$\sigma_0^2=\frac{E(\boldsymbol{V}^{\mathrm{T}}\boldsymbol{P}\boldsymbol{V})}{n-t}$$

其估值公式就是

$$\hat{\sigma}_0^2=\frac{\boldsymbol{V}^{\mathrm{T}}\boldsymbol{P}\boldsymbol{V}}{n-t},\quad \hat{\sigma}_0=\pm\sqrt{\frac{\boldsymbol{V}^{\mathrm{T}}\boldsymbol{P}\boldsymbol{V}}{n-t}}$$

7.3.3 协因素阵

在间接平差中，基本向量是 $\boldsymbol{L}$，$\hat{\boldsymbol{x}}$，$\boldsymbol{V}$ 和 $\hat{\boldsymbol{L}}$.

$$\boldsymbol{L}=\boldsymbol{L}$$

$$\hat{\boldsymbol{x}}=\boldsymbol{N}_{bb}^{-1}\boldsymbol{B}^{\mathrm{T}}\boldsymbol{P}\boldsymbol{L}+\cdots$$

$$\boldsymbol{V}=\boldsymbol{B}\hat{\boldsymbol{x}}-\boldsymbol{l}=(\boldsymbol{B}\boldsymbol{N}_{bb}^{-1}\boldsymbol{B}^{\mathrm{T}}\boldsymbol{P}-\boldsymbol{I})\boldsymbol{L}+\cdots$$

$$\hat{\boldsymbol{L}}=\boldsymbol{L}+\boldsymbol{V}=\boldsymbol{B}\boldsymbol{N}_{bb}^{-1}\boldsymbol{B}^{\mathrm{T}}\boldsymbol{P}\boldsymbol{L}+\cdots$$

按照协因素传播定律，有

$$\boldsymbol{Q}_{LL}=\boldsymbol{Q}$$

$$Q_{L\hat{X}} = QPBN_{bb}^{-1} = BN_{bb}^{-1}$$

$$Q_{LV} = Q(PBN_{bb}^{-1}B^{\mathrm{T}} - I) = BN_{bb}^{-1}B^{\mathrm{T}} - Q$$

$$Q_{L\hat{L}} = QPBN_{bb}^{-1}B^{\mathrm{T}} = BN_{bb}^{-1}B^{\mathrm{T}}$$

$$Q_{\hat{X}\hat{X}} = N_{bb}^{-1}B^{\mathrm{T}}PQPBN_{bb}^{-1} = N_{bb}^{-1}$$

$$Q_{\hat{X}V} = N_{bb}^{-1}B^{\mathrm{T}}PQ(PBN_{bb}^{-1}B^{\mathrm{T}} - I) = 0$$

$$Q_{\hat{X}\hat{L}} = N_{bb}^{-1}B^{\mathrm{T}}PQ(PBN_{bb}^{-1}B^{\mathrm{T}}) = N_{bb}^{-1}B^{\mathrm{T}}$$

$$Q_{VV} = (BN_{bb}^{-1}B^{\mathrm{T}}P - I)Q(PBN_{bb}^{-1}B^{\mathrm{T}} - I) = Q - BN_{bb}^{-1}B^{\mathrm{T}}$$

$$Q_{V\hat{L}} = (BN_{bb}^{-1}B^{\mathrm{T}}P - I)Q(PBN_{bb}^{-1}B^{\mathrm{T}}) = 0$$

$$Q_{\hat{L}\hat{L}} = (BN_{bb}^{-1}B^{\mathrm{T}}P)Q(PBN_{bb}^{-1}B^{\mathrm{T}}) = BN_{bb}^{-1}B^{\mathrm{T}} = Q - Q_{VV}$$

7.3.4 参数函数的中误差

$$z = f(\hat{X}_1, \hat{X}_2, \cdots, \hat{X}_t)$$

$$\hat{X}_i = X_i^0 + \hat{x}_i \quad (i = 1, 2, \cdots, t)$$

按照泰勒级数展开，有

$$z = f(X_1^0, X_2^0, \cdots, X_t^0) + \sum_{i=1}^{t}\left(\frac{\partial f}{\partial \hat{X}_i}\right)_0 \hat{x}_i = f_0 + \sum_{i=1}^{t} f_i \hat{x}_i = f_0 + F^{\mathrm{T}}\hat{x}$$

其中

$$F^{\mathrm{T}} = (f_1 \quad f_2 \quad \cdots \quad f_t)$$

那么

$$\frac{1}{p_z} = F^{\mathrm{T}}Q_{\hat{X}\hat{X}}F$$

7.4 公式汇编和示例

7.4.1 公式汇编

函数模型：

$$\Delta = B\tilde{x} - l\text{，}\quad l = -(BX^0 + d - L)$$

随机模型：

$$\boldsymbol{D}=\sigma_0^2\boldsymbol{Q}=\sigma_0^2\boldsymbol{P}^{-1}$$

误差方程：

$$\boldsymbol{V}=\boldsymbol{B}\hat{\boldsymbol{x}}-\boldsymbol{l}\ ,\quad \boldsymbol{l}=-(\boldsymbol{B}\boldsymbol{X}^0+\boldsymbol{d}-\boldsymbol{L})$$

法方程：

$$\boldsymbol{N}_{bb}\hat{\boldsymbol{x}}-\boldsymbol{W}=\boldsymbol{0}\text{，其中 }\underset{t\times t}{\boldsymbol{N}_{bb}}=\boldsymbol{B}^{\mathrm{T}}\boldsymbol{P}\boldsymbol{B}\ ,\quad \underset{t\times 1}{\boldsymbol{W}}=\boldsymbol{B}^{\mathrm{T}}\boldsymbol{P}\boldsymbol{l}$$

参数求解：

$$\hat{\boldsymbol{x}}=\boldsymbol{N}_{bb}^{-1}\boldsymbol{W}\ ,\quad \hat{\boldsymbol{X}}=\boldsymbol{X}^0+\hat{\boldsymbol{x}}$$

残差求解：

$$\boldsymbol{V}=\boldsymbol{B}\hat{\boldsymbol{x}}-\boldsymbol{l}$$

观测值的平差值：

$$\hat{\boldsymbol{L}}=\boldsymbol{L}+\boldsymbol{V}$$

单位中误差：

$$\hat{\sigma}_0=\pm\sqrt{\frac{\boldsymbol{V}^{\mathrm{T}}\boldsymbol{P}\boldsymbol{V}}{n-t}}$$

平差参数 $\hat{\boldsymbol{X}}$ 的协方差阵：

$$\boldsymbol{D}_{\hat{X}\hat{X}}=\hat{\sigma}_0^2\boldsymbol{N}_{bb}^{-1}$$

平差参数的函数的方差：

函数式：$\boldsymbol{z}=f_0+\boldsymbol{F}^{\mathrm{T}}\hat{\boldsymbol{x}}$，协因素：$\dfrac{1}{p_z}=\boldsymbol{F}^{\mathrm{T}}\boldsymbol{Q}_{\hat{X}\hat{X}}\boldsymbol{F}$，方差：$\sigma_z^2=\sigma_0^2\dfrac{1}{p_z}=\sigma_0^2\boldsymbol{F}^{\mathrm{T}}\boldsymbol{Q}_{\hat{X}\hat{X}}\boldsymbol{F}$

7.4.2 示　例

水准网观测数据见表 7.14，其中 A，B，C 和 D 为已知点，E，F 和 G 是未知点，观测结果列于表中. 求未知点 E，F 和 G 高程的最或然值，并计算其精度以及高差 h_{EF} 的中误差.

表 7.14　观测数据

	编　号	水准路线长度/km	观测高差/m
$H_A = 35.418\text{ m}$	1	4	8.228
$H_B = 45.712\text{ m}$	2	4	2.060
$H_C = 25.270\text{ m}$	3	2	1.515
$H_B = 24.678\text{ m}$	4	4	7.477
	5	2	12.417
	6	2	13.000

解　本示例中，$n=6$，$t=3$.

令 $\tilde{X}_1 = H_E$，$\tilde{X}_2 = H_F$，$\tilde{X}_3 = H_G$，得

$$L_1 + V_1 = \hat{X}_1 - H_A$$

$$L_2 + V_2 = -\hat{X}_1 + H_B$$

$$L_3 + V_3 = -\hat{X}_1 + \hat{X}_2$$

$$L_4 + V_4 = \hat{X}_2 - \hat{X}_3$$

$$L_5 + V_5 = \hat{X}_3 - H_C$$

$$L_6 + V_3 = \hat{X}_3 - H_D$$

再令 $\hat{X}_1 = H_A + L_1 + \hat{x}_1$，$\hat{X}_2 = H_A + L_1 + L_3 + \hat{x}_2$，$\hat{X}_3 = H_C + L_5 + \hat{x}_3$，得

$$\begin{pmatrix} V_1 \\ V_2 \\ V_3 \\ V_4 \\ V_5 \\ V_6 \end{pmatrix} = \begin{pmatrix} 1 & 0 & 0 \\ -1 & 0 & 0 \\ -1 & 1 & 0 \\ 0 & 1 & -1 \\ 0 & 0 & 1 \\ 0 & 0 & 1 \end{pmatrix} \begin{pmatrix} \hat{x}_1 \\ \hat{x}_2 \\ \hat{x}_3 \end{pmatrix} - \begin{pmatrix} 0 \\ -6 \\ 0 \\ 3 \\ 0 \\ -9 \end{pmatrix} \text{(mm)}$$

水准测量的权定义为

$$p_i = \frac{S_0}{S_i} = \frac{4\ (\text{km})}{S_i}$$

则

$$\boldsymbol{P} = \begin{pmatrix} 1 & & & & & \\ & 1 & & & & \\ & & 2 & & & \\ & & & 1 & & \\ & & & & 2 & \\ & & & & & 2 \end{pmatrix}$$

法方程为

$$N_{bb}=B^{\mathrm{T}}PB=\begin{pmatrix}4&-2&0\\-2&3&-1\\0&-1&5\end{pmatrix},\quad W=B^{\mathrm{T}}Pl=\begin{pmatrix}6\\3\\21\end{pmatrix}\ (\mathrm{mm})$$

可得出

$$N_{bb}^{-1}=\frac{1}{36}\begin{pmatrix}14&10&2\\10&20&2\\2&4&8\end{pmatrix}$$

解法方程，得

$$\hat{x}=N_{bb}^{-1}W=\begin{pmatrix}2\\1\\-4\end{pmatrix}\ (\mathrm{mm})$$

这样，E，F 和 G 高程的最或然值是

$$\hat{X}=X^{0}+\hat{x}=\begin{pmatrix}43.648\\45.162\\37.683\end{pmatrix}\ (\mathrm{m})$$

$$V=B\hat{x}-l=\begin{pmatrix}2\\4\\-1\\2\\-4\\5\end{pmatrix},\ V^{\mathrm{T}}PV=\sum p_iV_i^2=108,\ \hat{\sigma}_0=\pm\sqrt{\frac{V^{\mathrm{T}}PV}{n-t}}=\pm6.0\ (\mathrm{mm})$$

则有

$$\hat{\sigma}_{H_E}=\hat{\sigma}_{X_1}=\hat{\sigma}_0\sqrt{\frac{1}{p_{X_1}}}=\pm6.0\times\sqrt{\frac{14}{36}}=\pm3.7\ (\mathrm{mm})$$

$$\hat{\sigma}_{H_F}=\hat{\sigma}_{X_2}=\hat{\sigma}_0\sqrt{\frac{1}{p_{X_2}}}=\pm6.0\times\sqrt{\frac{20}{36}}=\pm4.5\ (\mathrm{mm})$$

$$\hat{\sigma}_{H_G}=\hat{\sigma}_{X_3}=\hat{\sigma}_0\sqrt{\frac{1}{p_{X_3}}}=\pm6.0\times\sqrt{\frac{8}{36}}=\pm2.8\ (\mathrm{mm})$$

因为

$$h_{EF}=-\hat{X}_1+\hat{X}_2=(-1\quad 1\quad 0)\hat{X}=F\hat{X}$$

则有

$$\frac{1}{p_{h_{EF}}}=FQ_{\hat{X}\hat{X}}F^{\mathrm{T}}=(-1\quad 1\quad 0)\frac{1}{36}\begin{pmatrix}14&10&2\\10&20&2\\2&4&8\end{pmatrix}\begin{pmatrix}-1\\1\\0\end{pmatrix}=\frac{7}{18}$$

$$\hat{\sigma}_{h_{EF}}=\hat{\sigma}_0\sqrt{\frac{1}{p_{h_{EF}}}}=\pm6.0\times\sqrt{\frac{7}{18}}=\pm3.7\ (\mathrm{mm})$$

第 8 章

附有限制条件的间接平差

8.1 基础方程及其解

在平差问题中，如果观测值的个数是 n，必要观测次数是 t，则多余观测数是 $r=n-t$. 在进行间接平差时，除了选择 t 个函数独立的参数外，还选择了 s 个函数独立的参量，则一共有 $u=t+s$ 个参数需要求解，而且这 u 个参数必然存在着 s 个约束条件. 平差时列出 n 个观测方程和 s 个约束条件方程，以此为函数模型进行的平差方法，就是附有条件的间接平差.

在附有条件的间接平差法中，所列的方程式，有线性的，也有非线性的. 当有非线性方程时，必须将其化为线性化形式. 在第七章中已经给出其线性或线性化后的函数模型，即

$$\underset{n\times1}{\boldsymbol{\Delta}}=\underset{n\times u}{\boldsymbol{B}}\,\underset{u\times1}{\tilde{\boldsymbol{x}}}-\underset{n\times1}{\boldsymbol{l}}=\underset{n\times1}{\boldsymbol{0}}$$

$$\underset{s\times u}{\boldsymbol{C}}\,\underset{u\times1}{\tilde{\boldsymbol{x}}}+\underset{s\times1}{\boldsymbol{W}_x}=\underset{s\times1}{\boldsymbol{0}}$$

其中

$$R(\boldsymbol{B})=u\ ,\quad R(\boldsymbol{C})=s\ ,\quad u<n\ ,\quad s<u$$

在实际应用中，一般是以平差值（最或然值）代替真值，残差代替真误差，即 $\hat{\boldsymbol{L}}=\boldsymbol{L}+\boldsymbol{V}$，$\hat{\boldsymbol{X}}=\boldsymbol{X}^0+\hat{\boldsymbol{x}}$（$\boldsymbol{X}^0$ 仍然为非随机量，$\hat{\boldsymbol{L}},\boldsymbol{V}$ 和 $\tilde{\boldsymbol{x}}$ 是随机量）代替 $\tilde{\boldsymbol{L}}=\boldsymbol{L}+\boldsymbol{\Delta}$，$\tilde{\boldsymbol{X}}=\boldsymbol{X}^0+\tilde{\boldsymbol{x}}$（$\boldsymbol{X}^0$ 为参数的近似值，$\tilde{\boldsymbol{x}}$ 是参数的改正值，它们都是非随机量），则函数模型为

$$\underset{n\times1}{\boldsymbol{V}}=\underset{n\times u}{\boldsymbol{B}}\,\underset{u\times1}{\hat{\boldsymbol{x}}}-\underset{n\times1}{\boldsymbol{l}}=\underset{n\times1}{\boldsymbol{0}}$$

$$\underset{s\times u}{C}\ \underset{u\times 1}{\hat{x}}+\underset{s\times 1}{W_X}=\underset{s\times 1}{0}$$

而平差的随机模型为

$$D=\sigma_0^2 Q=\sigma_0^2 P^{-1}$$

在函数模型中，待求量是n个观测值的改正数和$u=t+s$个参数，而方程的个数是$n+s<n+u$，所以有无穷多组解. 为此，应当在无穷多组解中求出满足$V^{\mathrm{T}}PV=\min$的一组解. 按照求条件极值的方法组成函数：

$$\phi=V^{\mathrm{T}}PV+2K_s^{\mathrm{T}}(C\hat{x}+W_X)$$

$$\frac{\partial V^{\mathrm{T}}PV}{\partial \hat{x}}=2V^{\mathrm{T}}P\frac{\partial V}{\partial \hat{x}}+2K_s^{\mathrm{T}}C=2V^{\mathrm{T}}PB-2K_s^{\mathrm{T}}C=0$$

转置后，得

$$B^{\mathrm{T}}PV+C^{\mathrm{T}}K_s=0$$

则可以组成以下方程组

$$\begin{cases}B^{\mathrm{T}}PB\hat{x}+C^{\mathrm{T}}K_s-B^{\mathrm{T}}Pl=0\\ C\hat{x}+W_X=0\end{cases}$$

$$\begin{pmatrix}\underset{u\times u}{N_{bb}} & \underset{u\times s}{C^{\mathrm{T}}}\\ \underset{s\times u}{C} & \underset{u\times u}{0}\end{pmatrix}\begin{pmatrix}\underset{u\times 1}{\hat{x}}\\ \underset{s\times 1}{K_s}\end{pmatrix}=\begin{pmatrix}\underset{u\times 1}{W}\\ \underset{s\times 1}{-W_X}\end{pmatrix}$$

其中已经令

$$\underset{u\times u}{N_{bb}}=B^{\mathrm{T}}PB\text{，}\quad W=B^{\mathrm{T}}Pl$$

可见在法方程中，有s个联系系数K_s和u个未知参数$\hat{x}$，而法方程的个数正好是$s+u$个，所以可以进行求解. 当然可以用另一种方法求解，例如：由法方程的第一式，得

$$\hat{x}=N_{bb}^{-1}(W-C^{\mathrm{T}}K_s)$$

代入到法方程的第二式，有

$$CN_{bb}^{-1}C^{\mathrm{T}}K_s=CN_{bb}^{-1}W+W_X$$

令

$$\underset{s\times s}{N_{cc}}=CN_{bb}^{-1}C^{\mathrm{T}}$$

且$R(\underset{s\times s}{N_{cc}})=R(CN_{bb}^{-1}C^{\mathrm{T}})=s$，$N_{cc}$满秩对称方阵，其逆存在，则

$$\boldsymbol{K}_s = \boldsymbol{N}_{cc}^{-1}(\boldsymbol{C}\boldsymbol{N}_{bb}^{-1}\boldsymbol{W} + \boldsymbol{W}_X)$$

$$\hat{\boldsymbol{x}} = \boldsymbol{N}_{bb}^{-1}\left[\boldsymbol{W} - \boldsymbol{C}^{\mathrm{T}}\boldsymbol{N}_{cc}^{-1}(\boldsymbol{C}\boldsymbol{N}_{bb}^{-1}\boldsymbol{W} + \boldsymbol{W}_X)\right]$$
$$= (\boldsymbol{N}_{bb}^{-1} - \boldsymbol{N}_{bb}^{-1}\boldsymbol{C}^{\mathrm{T}}\boldsymbol{N}_{cc}^{-1}\boldsymbol{C}\boldsymbol{N}_{bb}^{-1})\boldsymbol{W} - \boldsymbol{N}_{bb}^{-1}\boldsymbol{C}^{\mathrm{T}}\boldsymbol{N}_{cc}^{-1}\boldsymbol{W}_X$$

$$\boldsymbol{V} = \boldsymbol{B}\hat{\boldsymbol{x}} - \boldsymbol{l}$$

$$\hat{\boldsymbol{X}} = \boldsymbol{X}^0 + \hat{\boldsymbol{x}}$$

$$\hat{\boldsymbol{L}} = \boldsymbol{L} + \boldsymbol{V}$$

8.2 精度评定

8.2.1 单位权方差

$$\sigma_0^2 = \frac{E(\boldsymbol{V}^{\mathrm{T}}\boldsymbol{P}\boldsymbol{V})}{r} = \frac{E(\boldsymbol{V}^{\mathrm{T}}\boldsymbol{P}\boldsymbol{V})}{n-t} = \frac{E(\boldsymbol{V}^{\mathrm{T}}\boldsymbol{P}\boldsymbol{V})}{n-(u-s)}$$

$$\hat{\sigma}_0^2 = \frac{\boldsymbol{V}^{\mathrm{T}}\boldsymbol{P}\boldsymbol{V}}{r} = \frac{\boldsymbol{V}^{\mathrm{T}}\boldsymbol{P}\boldsymbol{V}}{n-(u-s)}$$

8.2.2 $\boldsymbol{V}^{\mathrm{T}}\boldsymbol{P}\boldsymbol{V}$ 的计算

$$\begin{aligned}
\boldsymbol{V}^{\mathrm{T}}\boldsymbol{P}\boldsymbol{V} &= \boldsymbol{V}^{\mathrm{T}}\boldsymbol{P}(\boldsymbol{B}\hat{\boldsymbol{x}} - \boldsymbol{l}) \\
&= (\boldsymbol{B}^{\mathrm{T}}\boldsymbol{P}\boldsymbol{V})^{\mathrm{T}}\hat{\boldsymbol{x}} - \boldsymbol{V}^{\mathrm{T}}\boldsymbol{P}\boldsymbol{l} = -\boldsymbol{K}_s^{\mathrm{T}}\boldsymbol{C}\hat{\boldsymbol{x}} - \boldsymbol{V}^{\mathrm{T}}\boldsymbol{P}\boldsymbol{l} \\
&= \boldsymbol{K}_s^{\mathrm{T}}\boldsymbol{W}_X - (\boldsymbol{B}\hat{\boldsymbol{x}} - \boldsymbol{l})^{\mathrm{T}}\boldsymbol{P}\boldsymbol{l} \\
&= \boldsymbol{l}^{\mathrm{T}}\boldsymbol{P}\boldsymbol{l} + \boldsymbol{K}_s^{\mathrm{T}}\boldsymbol{W}_X - \hat{\boldsymbol{x}}^{\mathrm{T}}\boldsymbol{B}^{\mathrm{T}}\boldsymbol{P}\boldsymbol{l} \\
&= \boldsymbol{l}^{\mathrm{T}}\boldsymbol{P}\boldsymbol{l} + \boldsymbol{K}_s^{\mathrm{T}}\boldsymbol{W}_X - \hat{\boldsymbol{x}}^{\mathrm{T}}\boldsymbol{W} \\
&= \boldsymbol{l}^{\mathrm{T}}\boldsymbol{P}\boldsymbol{l} + \boldsymbol{W}_X^{\mathrm{T}}\boldsymbol{K}_s - \boldsymbol{W}^{\mathrm{T}}\hat{\boldsymbol{x}} \\
&= \boldsymbol{l}^{\mathrm{T}}\boldsymbol{P}\boldsymbol{l} - (\boldsymbol{W}^{\mathrm{T}} \quad -\boldsymbol{W}_X^{\mathrm{T}})\begin{pmatrix} \hat{\boldsymbol{x}} \\ \boldsymbol{K}_s \end{pmatrix} \\
&= \boldsymbol{l}^{\mathrm{T}}\boldsymbol{P}\boldsymbol{l} - (\boldsymbol{W}^{\mathrm{T}} \quad -\boldsymbol{W}_X^{\mathrm{T}})\begin{pmatrix} \hat{\boldsymbol{x}} \\ \boldsymbol{K}_s \end{pmatrix}\begin{pmatrix} \underset{u\times u}{\boldsymbol{N}_{bb}} & \underset{u\times s}{\boldsymbol{C}^{\mathrm{T}}} \\ \underset{s\times u}{\boldsymbol{C}} & \underset{u\times u}{\boldsymbol{0}} \end{pmatrix}^{-1}\begin{pmatrix} \boldsymbol{W} \\ -\boldsymbol{W}_X \end{pmatrix}
\end{aligned}$$

8.2.3 协因素阵

由于

$$\boldsymbol{L} = \boldsymbol{L},$$

$$W = B^{\mathrm{T}} Pl = -B^{\mathrm{T}} P(BX^0 + d - L) = B^{\mathrm{T}} PL + \cdots$$

则有

$$Q_{LL} = Q\ ,\quad Q_{LW} = B\ ,\quad Q_{WW} = B^{\mathrm{T}} PQPB = N_{bb}$$

由于

$$\hat{X} = X^0 + \hat{x} = X^0 + (N_{bb}^{-1} - N_{bb}^{-1} C^{\mathrm{T}} N_{cc}^{-1} C N_{bb}^{-1}) W + N_{bb}^{-1} C^{\mathrm{T}} N_{cc}^{-1} W_X$$

则有

$$\begin{aligned} Q_{\hat{X}\hat{X}} &= (N_{bb}^{-1} - N_{bb}^{-1} C^{\mathrm{T}} N_{cc}^{-1} C N_{bb}^{-1}) Q_{WW} (N_{bb}^{-1} - N_{bb}^{-1} C^{\mathrm{T}} N_{cc}^{-1} C N_{bb}^{-1}) \\ &= (N_{bb}^{-1} - N_{bb}^{-1} C^{\mathrm{T}} N_{cc}^{-1} C N_{bb}^{-1}) \end{aligned}$$

$$\begin{aligned} Q_{\hat{X}L} &= (N_{bb}^{-1} - N_{bb}^{-1} C^{\mathrm{T}} N_{cc}^{-1} C N_{bb}^{-1}) Q_{WL} = (N_{bb}^{-1} - N_{bb}^{-1} C^{\mathrm{T}} N_{cc}^{-1} C N_{bb}^{-1}) B^{\mathrm{T}} \\ &= Q_{\hat{X}\hat{X}} B^{\mathrm{T}} \end{aligned}$$

$$Q_{\hat{X}W} = (N_{bb}^{-1} - N_{bb}^{-1} C^{\mathrm{T}} N_{cc}^{-1} C N_{bb}^{-1}) Q_{WW} = Q_{\hat{X}\hat{X}} N_{bb}$$

由于

$$K_s = N_{cc}^{-1} (C N_{bb}^{-1} W - W_X)$$

则有

$$Q_{K_s K_s} = N_{cc}^{-1} C N_{bb}^{-1} Q_{WW} N_{bb}^{-1} C^{\mathrm{T}} N_{cc}^{-1} = N_{cc}^{-1} N_{cc} N_{cc}^{-1} = N_{cc}^{-1}$$

$$Q_{K_s L} = N_{cc}^{-1} C N_{bb}^{-1} Q_{WL} = N_{cc}^{-1} C N_{bb}^{-1} B^{\mathrm{T}}$$

$$Q_{K_s \hat{X}} = N_{cc}^{-1} C N_{bb}^{-1} Q_{W\hat{X}} = N_{cc}^{-1} C N_{bb}^{-1} N_{bb} Q_{\hat{X}\hat{X}} = N_{cc}^{-1} C Q_{\hat{X}\hat{X}} = 0$$

由于

$$V = B\hat{x} - l$$

则有

$$\begin{aligned} Q_{VV} &= BQ_{\hat{X}\hat{X}} B^{\mathrm{T}} + Q - BQ_{\hat{X}L} - Q_{L\hat{X}} B^{\mathrm{T}} \\ &= BQ_{\hat{X}\hat{X}} B^{\mathrm{T}} + Q - BQ_{\hat{X}\hat{X}} B^{\mathrm{T}} - BQ_{\hat{X}\hat{X}} B^{\mathrm{T}} \\ &= Q - BQ_{\hat{X}\hat{X}} B^{\mathrm{T}} \end{aligned}$$

$$Q_{VL} = BQ_{\hat{X}L} - Q = -Q_{VV}$$

$$Q_{VW} = BQ_{\hat{X}W} - Q_{LW} = BQ_{\hat{X}\hat{X}} N_{bb} - B$$

$$Q_{V\hat{X}} = BQ_{\hat{X}\hat{X}} - Q_{L\hat{X}} = BQ_{\hat{X}\hat{X}} - BQ_{\hat{X}\hat{X}} = 0$$

$$Q_{VK_s}=BQ_{\hat{X}K_s}-Q_{LK_s}=-Q_{LK_s}=-BN_{bb}^{-1}C^{\mathrm{T}}N_{cc}^{-1}$$

由于

$$\hat{L}=L+V$$

则有

$$Q_{\hat{L}\hat{L}}=Q+Q_{LV}+Q_{VL}+Q_{VV}=Q-Q_{VV}$$

$$Q_{\hat{L}L}=Q+Q_{VL}=Q-Q_{VV}$$

$$Q_{\hat{L}W}=Q_{LW}+Q_{VW}=B+BQ_{\hat{X}\hat{X}}N_{bb}-B=BQ_{\hat{X}\hat{X}}N_{bb}$$

$$Q_{\hat{L}K_s}=Q_{LK_s}+Q_{VK_s}=BN_{bb}^{-1}C^{\mathrm{T}}N_{cc}^{-1}-BN_{bb}^{-1}C^{\mathrm{T}}N_{cc}^{-1}=0$$

$$Q_{\hat{L}\hat{X}}=Q_{L\hat{X}}+Q_{V\hat{X}}=Q_{L\hat{X}}=BQ_{\hat{X}\hat{X}}$$

$$Q_{\hat{L}V}=Q_{LV}+Q_{VV}=-Q_{VV}+Q_{VV}=0$$

8.2.4 平差值函数的协因素

$$\begin{aligned}z&=f(\hat{X}_1,\hat{X}_2,\cdots,\hat{X}_u)\\&=f_0+\sum k_i x_i+\cdots=f_0+F^{\mathrm{T}}\hat{x}+\cdots\end{aligned}$$

对上式进行线性化，得

$$\Delta z=F^{\mathrm{T}}\hat{x}$$

由协方差传播定律，得

$$\frac{1}{p_z}=F^{\mathrm{T}}Q_{\hat{X}\hat{X}}F\text{，}\quad \hat{\sigma}_z=\hat{\sigma}_0\sqrt{\frac{1}{p_z}}$$

8.3 公式汇编和示例

8.3.1 公式汇编

函数模型： $\underset{n\times1}{V}=\underset{n\times u}{B}\,\underset{u\times1}{\hat{x}}-\underset{n\times1}{l}=\underset{n\times1}{0}$

$$\underset{s\times u}{C}\,\underset{u\times1}{\hat{x}}+\underset{s\times1}{W_X}=\underset{s\times1}{0}$$

平差的随机模型：

$$\boldsymbol{D}=\sigma_0^2\boldsymbol{Q}=\sigma_0^2\boldsymbol{P}^{-1}$$

法方程：

$$\begin{pmatrix}\underset{u\times u}{\boldsymbol{N}_{bb}} & \underset{u\times s}{\boldsymbol{C}^{\mathrm{T}}}\\ \underset{s\times u}{\boldsymbol{C}} & \underset{u\times u}{\boldsymbol{0}}\end{pmatrix}\begin{pmatrix}\underset{u\times 1}{\hat{\boldsymbol{x}}}\\ \underset{s\times 1}{\boldsymbol{K}_s}\end{pmatrix}=\begin{pmatrix}\underset{u\times 1}{\boldsymbol{W}}\\ \underset{s\times 1}{-\boldsymbol{W}_X}\end{pmatrix}，其中\ \underset{u\times u}{\boldsymbol{N}_{bb}}=\boldsymbol{B}^{\mathrm{T}}\boldsymbol{P}\boldsymbol{B}，\ \boldsymbol{W}=\boldsymbol{B}^{\mathrm{T}}\boldsymbol{P}\boldsymbol{l}$$

法方程的解：

$$\boldsymbol{K}_s=\boldsymbol{N}_{cc}^{-1}\left(\boldsymbol{C}\boldsymbol{N}_{bb}^{-1}\boldsymbol{W}+\boldsymbol{W}_X\right)，其中\ \underset{s\times s}{\boldsymbol{N}_{cc}}=\boldsymbol{C}\boldsymbol{N}_{bb}^{-1}\boldsymbol{C}^{\mathrm{T}}$$

$$\hat{\boldsymbol{x}}=\boldsymbol{N}_{bb}^{-1}(\boldsymbol{W}-\boldsymbol{C}^{\mathrm{T}}\boldsymbol{K}_s)$$

$$\begin{aligned}\hat{\boldsymbol{x}}&=\boldsymbol{N}_{bb}^{-1}\left[\boldsymbol{W}-\boldsymbol{C}^{\mathrm{T}}\boldsymbol{N}_{cc}^{-1}(\boldsymbol{C}\boldsymbol{N}_{bb}^{-1}\boldsymbol{W}+\boldsymbol{W}_X)\right]\\&=(\boldsymbol{N}_{bb}^{-1}-\boldsymbol{N}_{bb}^{-1}\boldsymbol{C}^{\mathrm{T}}\boldsymbol{N}_{cc}^{-1}\boldsymbol{C}\boldsymbol{N}_{bb}^{-1})\boldsymbol{W}-\boldsymbol{N}_{bb}^{-1}\boldsymbol{C}^{\mathrm{T}}\boldsymbol{N}_{cc}^{-1}\boldsymbol{W}_X\end{aligned}$$

$$\boldsymbol{V}=\boldsymbol{B}\hat{\boldsymbol{x}}-\boldsymbol{l}$$

$$\hat{\boldsymbol{X}}=\boldsymbol{X}^0+\hat{\boldsymbol{x}}$$

$$\hat{\boldsymbol{L}}=\boldsymbol{L}+\boldsymbol{V}$$

单位权方差：

$$\hat{\sigma}_0^2=\frac{\boldsymbol{V}^{\mathrm{T}}\boldsymbol{P}\boldsymbol{V}}{r}=\frac{\boldsymbol{V}^{\mathrm{T}}\boldsymbol{P}\boldsymbol{V}}{n-(u-s)}$$

平差参数的方差：

$$\boldsymbol{D}_{\hat{X}\hat{X}}=\hat{\sigma}_0^2\boldsymbol{Q}_{\hat{X}\hat{X}}=\hat{\sigma}_0^2(\boldsymbol{N}_{bb}^{-1}-\boldsymbol{N}_{bb}^{-1}\boldsymbol{C}^{\mathrm{T}}\boldsymbol{N}_{cc}^{-1}\boldsymbol{C}\boldsymbol{N}_{bb}^{-1})$$

平差值函数的权倒数和中误差：

$$z=\boldsymbol{F}^{\mathrm{T}}\hat{\boldsymbol{X}}$$

$$\frac{1}{p_z}=\boldsymbol{F}^{\mathrm{T}}\boldsymbol{Q}_{\hat{X}\hat{X}}\boldsymbol{F}，\quad \hat{\sigma}_z=\hat{\sigma}_0\sqrt{\frac{1}{p_z}}$$

8.3.2 示　例

等精度观测了三个角度，观测值向量为 $\boldsymbol{L}=\begin{pmatrix}30°45'20''\\47°12'54''\\77°58'20''\end{pmatrix}$，且有一个固定角 $\angle AOB=77°58'24''$．试用附有限制条件的间接平差法进行平差．

解　独立参数只有 1 个，若选取 2 个参数，则产生 1 个条件．取参数 $\hat{X}_1=\angle AOP=L_1+\hat{x}_1$，$\hat{X}_2=\angle BOP=L_2+\hat{x}_2$，误差方程和条件方程分别为

$$\begin{pmatrix}v_1\\v_2\\v_3\end{pmatrix}=\begin{pmatrix}1&0\\0&1\\1&1\end{pmatrix}\begin{pmatrix}\hat{x}_1\\\hat{x}_2\end{pmatrix}-\begin{pmatrix}0\\0\\6''\end{pmatrix},\quad (1\quad 1)\begin{pmatrix}\hat{x}_1\\\hat{x}_2\end{pmatrix}-(10)=0$$

则有

$$\underset{n\times 1}{\boldsymbol{V}}=\underset{n\times u}{\boldsymbol{B}}\,\underset{u\times 1}{\hat{\boldsymbol{x}}}-\underset{n\times 1}{\boldsymbol{l}}=\underset{n\times 1}{\boldsymbol{0}},\quad \underset{s\times u}{\boldsymbol{C}}\,\underset{u\times 1}{\hat{\boldsymbol{x}}}-\underset{s\times 1}{\boldsymbol{W}_X}=\underset{s\times 1}{\boldsymbol{0}}$$

系数分别为

$$\boldsymbol{N}_{bb}=\boldsymbol{B}^{\mathrm{T}}\boldsymbol{P}\boldsymbol{B}=\begin{pmatrix}2&1\\1&2\end{pmatrix},\quad \boldsymbol{N}_{bb}^{-1}=\frac{1}{3}\begin{pmatrix}2&-1\\-1&2\end{pmatrix},\quad \boldsymbol{W}=\boldsymbol{B}^{\mathrm{T}}\boldsymbol{P}\boldsymbol{l}=\begin{pmatrix}6''\\6''\end{pmatrix}$$

设

$$\boldsymbol{N}_{cc}=\boldsymbol{C}\boldsymbol{N}_{bb}^{-1}\boldsymbol{C}^{\mathrm{T}}=2/3$$

联系系数向量：

$$\boldsymbol{K}_s=\boldsymbol{N}_{cc}^{-1}(\boldsymbol{C}\boldsymbol{N}_{bb}^{-1}\boldsymbol{W}-\boldsymbol{W}_X)=-9''$$

参数改正数：

$$\hat{\boldsymbol{x}}=\boldsymbol{N}_{bb}^{-1}(\boldsymbol{W}-\boldsymbol{C}^{\mathrm{T}}\boldsymbol{K}_s)=\begin{pmatrix}5''\\5''\end{pmatrix}$$

观测值改正数及平差值：

$$\boldsymbol{V}=\boldsymbol{B}\hat{\boldsymbol{x}}-\boldsymbol{l}=\begin{pmatrix}5''\\5''\\4''\end{pmatrix},\quad \hat{\boldsymbol{L}}=\boldsymbol{L}+\boldsymbol{V}=\begin{pmatrix}30°45'25''\\47°12'59''\\77°58'24''\end{pmatrix}$$

单位权中误差：

$$\hat{\sigma}_0 = \sqrt{\frac{\boldsymbol{V}^{\mathrm{T}}\boldsymbol{PV}}{r}} = \sqrt{33}''$$

参数协因数阵：

$$\boldsymbol{Q}_{\hat{X}\hat{X}} = (\boldsymbol{N}_{bb}^{-1} - \boldsymbol{N}_{bb}^{-1}\boldsymbol{C}^{\mathrm{T}}\boldsymbol{N}_{cc}^{-1}\boldsymbol{C}\boldsymbol{N}_{bb}^{-1}) = \frac{1}{2}\begin{pmatrix} 1 & -1 \\ -1 & 1 \end{pmatrix}$$

改正数协因数阵：

$$\boldsymbol{Q}_{VV} = \boldsymbol{Q} - \boldsymbol{B}\boldsymbol{Q}_{\hat{X}\hat{X}}\boldsymbol{B}^{\mathrm{T}} = \frac{1}{2}\begin{pmatrix} 1 & 1 & 0 \\ 1 & 1 & 0 \\ 0 & 0 & 2 \end{pmatrix}$$

平差值协因数阵：

$$\boldsymbol{Q}_{\hat{L}\hat{L}} = \boldsymbol{Q} - \boldsymbol{Q}_{VV} = \frac{1}{2}\begin{pmatrix} 1 & -1 & 0 \\ -1 & 1 & 0 \\ 0 & 0 & 0 \end{pmatrix}$$

第 9 章

附有限制条件的条件平差

9.1 基本平差方法的概括函数模型

在平差问题中，如果观测值的个数是 n，必要观测次数是 t，则多余观测数是 $r=n-t$. 所学过的平差的函数模型为

条件平差：　$\boldsymbol{F}(\tilde{\boldsymbol{L}})=\boldsymbol{0}$，$r=n-t$.

间接平差：　$\tilde{\boldsymbol{L}}=\boldsymbol{F}(\tilde{\boldsymbol{X}})$，$u=t$，$c=r+u=r+t=n$.

附有参数的条件平差：$\boldsymbol{F}(\tilde{\boldsymbol{L}},\tilde{\boldsymbol{X}})=\boldsymbol{0}$，$r=n-t$，再选择 $u<t$ 个参数，则必须列出 $c=r+u$ 个方程.

附有条件的间接平差：$\tilde{\boldsymbol{L}}=\boldsymbol{F}(\tilde{\boldsymbol{X}})$，$\boldsymbol{\Phi}(\tilde{\boldsymbol{X}})=\boldsymbol{0}$，$r=n-t$，再选择 $u(u>t)$ 个参数，则必须列出 $r+u$ 个方程，包括 s 个限制条件方程，还要列出 $c=r+u-s=r+(t+s)-s=n$ 个一般条件方程.

在任何几何模型中，最多只能列出 $u=t$ 个独立的参数，就独立参数而言，在任一几何模型中，其个数总是介于下属范围：$0\leqslant u\leqslant t$. 在某一平差问题中，多余观测数 $r=n-t$，若又选用了 u 个独立参数，则总共应当列出 $c=r+u$ 个一般条件方程，因此，一般条件方程的个数总是介于 $r\leqslant c\leqslant n$.

总之，间接平差是要求选用 $u=t$ 个函数独立的参数；附有参数的条件平差要求选用 $u<t$ 个函数独立的参数；附有条件的间接平差要求选用 $u(u>t)$ 的参数，其中必须包括 t 个函数独立的参数. 如果不满足以上这些要求，例如已经选择了 $u=t$ 或 $u<t$ 个参数，但是这 u 个参数函数不独立；或者选择了 $u(u>t)$ 个参数，但是其中没有包括 t 个函数独立的参数. 在这种情况下，就不能应用以上几种平差方案来进行平差了，如何办？

一般而言，对于任意一个平差问题，观测值的个数是 n，必要观测次数是 t，则多余观测数是 $r=n-t$. 若选用了 u 个参数，不论 $u<t$，$u=t$ 和 $u>t$，也不论参数是否函

数独立，每增加 1 个参数则相应地多产生 1 个方程，故总共应列出 $r+u$ 个方程. 如果在 u 个参数中存在有 s 个函数不独立的参数，或者说，在这 u 个参数（包括 $u<t$，$u=t$ 的情况，以及 $u>t$ 但是其中没有 t 个独立参数的情况）之间存在 s 个函数关系式，则应列出 s 个参数的限制条件方程，还应当列出 $c=r+u-s$ 个观测值和参数的一般条件方程. 因此，就形成了概括平差的函数模型：

$$\underset{c\times1}{\boldsymbol{F}}(\underset{n\times1}{\tilde{\boldsymbol{L}}},\underset{u\times1}{\tilde{\boldsymbol{X}}})=\underset{c\times1}{\boldsymbol{0}}$$

$$\underset{s\times1}{\boldsymbol{\Phi}}(\underset{u\times1}{\tilde{\boldsymbol{X}}})=\underset{s\times1}{\boldsymbol{0}}$$

方程的个数就是 $c+s=r+u$，即一般条件方程的个数 c 与参数的限制条件方程的个数 s 之和，必须等于多余观测数 r 与相应参数的个数 u 之和.

9.2 附有限制条件的条件平差原理

线性化后的概括平差的函数模型是

$$\underset{c\times n}{\boldsymbol{A}}\underset{n\times1}{\Delta}+\underset{c\times u}{\boldsymbol{B}}\underset{u\times1}{\tilde{\boldsymbol{x}}}+\underset{c\times1}{\boldsymbol{W}}=\underset{c\times1}{\boldsymbol{0}}，\quad \boldsymbol{W}=\boldsymbol{F}(\boldsymbol{L},\boldsymbol{X}^0)$$

$$\underset{s\times u}{\boldsymbol{C}}\underset{u\times1}{\tilde{\boldsymbol{x}}}+\underset{s\times1}{\boldsymbol{W}_x}=\underset{s\times1}{\boldsymbol{0}}，\quad \boldsymbol{W}_X=\boldsymbol{\Phi}(\boldsymbol{X}^0)$$

这里 $c=r+u-s$，$c>r$，$u<c$，$s<u$，系数矩阵的秩是

$$R(\boldsymbol{A})=c，\quad R(\boldsymbol{B})=u，\quad R(\boldsymbol{C})=s$$

在实际应用中，一般是以平差值（最或然值）代替真值，残差代替真误差，即 $\hat{\boldsymbol{L}}=\boldsymbol{L}+\boldsymbol{V}$，$\hat{\boldsymbol{X}}=\boldsymbol{X}^0+\hat{\boldsymbol{x}}$（$\boldsymbol{X}^0$ 仍然为非随机量，$\hat{\boldsymbol{L}}$，$\boldsymbol{V}$ 和 $\tilde{\boldsymbol{x}}$ 是随机量）代替 $\tilde{\boldsymbol{L}}=\boldsymbol{L}+\Delta$，$\tilde{\boldsymbol{X}}=\boldsymbol{X}^0+\tilde{\boldsymbol{x}}$（$\boldsymbol{X}^0$ 为参数的近似值，$\hat{\boldsymbol{x}}$ 是参数的改正值，它们都是非随机量），则函数模型为

$$\underset{c\times n}{\boldsymbol{A}}\underset{n\times1}{\boldsymbol{V}}+\underset{c\times u}{\boldsymbol{B}}\underset{u\times1}{\hat{\boldsymbol{x}}}+\underset{c\times1}{\boldsymbol{W}}=\underset{c\times1}{\boldsymbol{0}}，\quad \boldsymbol{W}=\boldsymbol{F}(\boldsymbol{L},\boldsymbol{X}^0)$$

$$\underset{s\times u}{\boldsymbol{C}}\underset{u\times1}{\hat{\boldsymbol{x}}}+\underset{s\times1}{\boldsymbol{W}_x}=\underset{s\times1}{\boldsymbol{0}}，\quad \boldsymbol{W}_X=\boldsymbol{\Phi}(\boldsymbol{X}^0)$$

而平差的随机模型为

$$\boldsymbol{D}=\sigma_0^2\boldsymbol{Q}=\sigma_0^2\boldsymbol{P}^{-1}$$

在函数模型中，待求量是 n 个观测值的改正数和 u 个参数，而方程的个数是 $c+s$，小于 $n+u$，所以有无穷多组解. 为此，应当在无穷多组解中求出满足 $V^{\mathrm{T}}PV=\min$ 的一组解. 按照求条件极值的方法组成函数：

$$\boldsymbol{\phi}=\boldsymbol{V}^{\mathrm{T}}\boldsymbol{P}\boldsymbol{V}-2\boldsymbol{K}^{\mathrm{T}}(\boldsymbol{A}\boldsymbol{V}+\boldsymbol{B}\hat{\boldsymbol{x}}+\boldsymbol{W})-2\boldsymbol{K}_s^{\mathrm{T}}(\boldsymbol{C}\hat{\boldsymbol{x}}+\boldsymbol{W}_X)$$

$$\frac{\partial \boldsymbol{V}^{\mathrm{T}}\boldsymbol{P}\boldsymbol{V}}{\partial \boldsymbol{V}}=2\boldsymbol{V}^{\mathrm{T}}\boldsymbol{P}-2\boldsymbol{K}^{\mathrm{T}}\boldsymbol{A}=\boldsymbol{0}$$

$$\frac{\partial \boldsymbol{V}^{\mathrm{T}}\boldsymbol{P}\boldsymbol{V}}{\partial \hat{\boldsymbol{x}}}=-2\boldsymbol{K}^{\mathrm{T}}\boldsymbol{B}-2\boldsymbol{K}_s^{\mathrm{T}}\boldsymbol{C}=\boldsymbol{0}$$

转置后，得

$$\boldsymbol{V}=\boldsymbol{Q}\boldsymbol{A}^{\mathrm{T}}\boldsymbol{K}\text{，}\quad \boldsymbol{B}^{\mathrm{T}}\boldsymbol{K}+\boldsymbol{C}^{\mathrm{T}}\boldsymbol{K}_s=\boldsymbol{0}$$

把第一式代入函数模型，得法方程

$$\begin{cases}\boldsymbol{A}\boldsymbol{Q}\boldsymbol{A}^{\mathrm{T}}\boldsymbol{K}+\boldsymbol{B}\hat{\boldsymbol{x}}+\boldsymbol{W}=\boldsymbol{0}\\ \boldsymbol{B}^{\mathrm{T}}\boldsymbol{K}+\boldsymbol{C}^{\mathrm{T}}\boldsymbol{K}_s=\boldsymbol{0}\\ \boldsymbol{C}\hat{\boldsymbol{x}}+\boldsymbol{W}_X=\boldsymbol{0}\end{cases}$$

或者

$$\begin{pmatrix}\underset{c\times c}{\boldsymbol{N}_{aa}} & \underset{c\times u}{\boldsymbol{B}} & \underset{c\times s}{\boldsymbol{0}}\\ \underset{u\times c}{\boldsymbol{B}^{\mathrm{T}}} & \underset{u\times u}{\boldsymbol{0}} & \underset{u\times s}{\boldsymbol{C}^{\mathrm{T}}}\\ \underset{s\times c}{\boldsymbol{0}} & \underset{s\times u}{\boldsymbol{C}} & \underset{s\times s}{\boldsymbol{0}}\end{pmatrix}\begin{pmatrix}\underset{c\times 1}{\boldsymbol{K}}\\ \underset{u\times 1}{\hat{\boldsymbol{x}}}\\ \underset{s\times 1}{\boldsymbol{K}_s}\end{pmatrix}=\begin{pmatrix}\underset{c\times 1}{-\boldsymbol{W}}\\ \underset{u\times 1}{\boldsymbol{0}}\\ \underset{s\times 1}{-\boldsymbol{W}_X}\end{pmatrix}$$

其中已经令

$$\underset{c\times c}{\boldsymbol{N}_{aa}}=\boldsymbol{A}\boldsymbol{Q}\boldsymbol{A}^{\mathrm{T}}$$

可见在法方程中，有 c 个联系系数 $\boldsymbol{K}$，s 个联系系数 $\boldsymbol{K}_s$ 和 u 个未知参数 $\hat{\boldsymbol{x}}$，而法方程的个数正好是 $c+s+u$ 个，所以可以进行求解．当然可以用另一种方法求解，例如：由法方程的第一式，得

$$\boldsymbol{K}=-\boldsymbol{N}_{aa}^{-1}(\boldsymbol{W}+\boldsymbol{B}\hat{\boldsymbol{x}})$$

代入到法方程的第二式，得

$$-\boldsymbol{B}^{\mathrm{T}}\boldsymbol{N}_{aa}^{-1}\boldsymbol{B}\hat{\boldsymbol{x}}-\boldsymbol{B}^{\mathrm{T}}\boldsymbol{N}_{aa}^{-1}\boldsymbol{W}+\boldsymbol{C}^{\mathrm{T}}\boldsymbol{K}_s=\boldsymbol{0}$$

令

$$\boldsymbol{N}_{bb}=\boldsymbol{B}^{\mathrm{T}}\boldsymbol{N}_{aa}^{-1}\boldsymbol{B}$$

则有

$$\hat{\boldsymbol{x}}=\boldsymbol{N}_{bb}^{-1}(-\boldsymbol{B}^{\mathrm{T}}\boldsymbol{N}_{aa}^{-1}\boldsymbol{W}+\boldsymbol{C}^{\mathrm{T}}\boldsymbol{K}_s)$$

再代入到法方程的第三式，可得

$$\boldsymbol{C}\boldsymbol{N}_{bb}^{-1}\boldsymbol{C}^{\mathrm{T}}\boldsymbol{K}_s-\boldsymbol{C}\boldsymbol{N}_{bb}^{-1}\boldsymbol{B}^{\mathrm{T}}\boldsymbol{N}_{aa}^{-1}\boldsymbol{W}+\boldsymbol{W}_X=\boldsymbol{0}$$

再令

$$\underset{s\times s}{\boldsymbol{N}_{cc}}=\boldsymbol{C}\boldsymbol{N}_{bb}^{-1}\boldsymbol{C}^{\mathrm{T}}$$

且 $\boldsymbol{R}(\underset{s\times s}{\boldsymbol{N}_{cc}})=\boldsymbol{R}(\boldsymbol{C}\boldsymbol{N}_{bb}^{-1}\boldsymbol{C}^{\mathrm{T}})=s$， $\boldsymbol{N}_{cc}$ 是满秩对称方阵，其逆存在，则

$$\boldsymbol{K}_s=\boldsymbol{N}_{cc}^{-1}(-\boldsymbol{W}_X+\boldsymbol{C}\boldsymbol{N}_{bb}^{-1}\boldsymbol{B}^{\mathrm{T}}\boldsymbol{N}_{aa}^{-1}\boldsymbol{W})$$

$$\begin{aligned}\hat{\boldsymbol{x}}&=\boldsymbol{N}_{bb}^{-1}(-\boldsymbol{B}^{\mathrm{T}}\boldsymbol{N}_{aa}^{-1}\boldsymbol{W}+\boldsymbol{C}^{\mathrm{T}}\boldsymbol{K}_s)\\&=\boldsymbol{N}_{bb}^{-1}\left[-\boldsymbol{B}^{\mathrm{T}}\boldsymbol{N}_{aa}^{-1}\boldsymbol{W}+\boldsymbol{C}^{\mathrm{T}}\boldsymbol{N}_{cc}^{-1}(-\boldsymbol{W}_X+\boldsymbol{C}\boldsymbol{N}_{bb}^{-1}\boldsymbol{B}^{\mathrm{T}}\boldsymbol{N}_{aa}^{-1}\boldsymbol{W})\right]\\&=-(\boldsymbol{N}_{bb}^{-1}-\boldsymbol{N}_{bb}^{-1}\boldsymbol{C}^{\mathrm{T}}\boldsymbol{N}_{cc}^{-1}\boldsymbol{C}\boldsymbol{N}_{bb}^{-1})\boldsymbol{B}^{\mathrm{T}}\boldsymbol{N}_{aa}^{-1}\boldsymbol{W}-\boldsymbol{N}_{bb}^{-1}\boldsymbol{C}^{\mathrm{T}}\boldsymbol{N}_{cc}^{-1}\boldsymbol{W}_X\\&=-\boldsymbol{Q}_{\hat{X}\hat{X}}\boldsymbol{B}^{\mathrm{T}}\boldsymbol{N}_{aa}^{-1}\boldsymbol{W}-\boldsymbol{N}_{bb}^{-1}\boldsymbol{C}^{\mathrm{T}}\boldsymbol{N}_{cc}^{-1}\boldsymbol{W}_X\end{aligned}$$

$$\boldsymbol{V}=\boldsymbol{Q}\boldsymbol{A}^{\mathrm{T}}\boldsymbol{K}=-\boldsymbol{Q}\boldsymbol{A}^{\mathrm{T}}\boldsymbol{N}_{aa}^{-1}(\boldsymbol{W}+\boldsymbol{B}\hat{\boldsymbol{x}})$$

$$\hat{\boldsymbol{X}}=\boldsymbol{X}^0+\hat{\boldsymbol{x}}$$

$$\hat{\boldsymbol{L}}=\boldsymbol{L}+\boldsymbol{V}$$

9.3 精度评定

9.3.1 单位权方差

$$\hat{\sigma}_0^2=\frac{\boldsymbol{V}^{\mathrm{T}}\boldsymbol{P}\boldsymbol{V}}{r}=\frac{\boldsymbol{V}^{\mathrm{T}}\boldsymbol{P}\boldsymbol{V}}{c-(u-s)}$$

9.3.2 $\boldsymbol{V}^{\mathrm{T}}\boldsymbol{P}\boldsymbol{V}$ 的计算

$$\begin{aligned}\boldsymbol{V}^{\mathrm{T}}\boldsymbol{P}\boldsymbol{V}&=\boldsymbol{V}^{\mathrm{T}}\boldsymbol{P}\boldsymbol{Q}\boldsymbol{A}^{\mathrm{T}}\boldsymbol{K}\\&=(\boldsymbol{A}\boldsymbol{V})^{\mathrm{T}}\boldsymbol{K}\\&=(-\boldsymbol{W}-\boldsymbol{B}\hat{\boldsymbol{x}})^{\mathrm{T}}\boldsymbol{K}\\&=-\boldsymbol{W}^{\mathrm{T}}\boldsymbol{K}-\hat{\boldsymbol{x}}^{\mathrm{T}}\boldsymbol{B}^{\mathrm{T}}\boldsymbol{K}\\&=-\boldsymbol{W}^{\mathrm{T}}\boldsymbol{K}-\hat{\boldsymbol{x}}^{\mathrm{T}}\boldsymbol{C}^{\mathrm{T}}\boldsymbol{K}_s\\&=-\boldsymbol{W}^{\mathrm{T}}\boldsymbol{K}-\boldsymbol{W}_X^{\mathrm{T}}\boldsymbol{K}_s\\&=\boldsymbol{W}^{\mathrm{T}}\boldsymbol{N}_{aa}^{-1}\boldsymbol{W}+\boldsymbol{W}^{\mathrm{T}}\boldsymbol{N}_{aa}^{-1}\boldsymbol{B}\hat{\boldsymbol{x}}-\boldsymbol{W}_X^{\mathrm{T}}\boldsymbol{K}_s\\&=\boldsymbol{W}^{\mathrm{T}}\boldsymbol{N}_{aa}^{-1}\boldsymbol{W}+(\boldsymbol{B}^{\mathrm{T}}\boldsymbol{N}_{aa}^{-1}\boldsymbol{W})^{\mathrm{T}}\hat{\boldsymbol{x}}-\boldsymbol{W}_X^{\mathrm{T}}\boldsymbol{K}_s\end{aligned}$$

9.3.3 协因素阵

由于

$$L = L,\quad W = -AL - BX^0 - d$$

则有

$$Q_{LL} = Q,\quad Q_{LW} = -QA^{\mathrm{T}},\quad Q_{WW} = AQA^{\mathrm{T}} = N_{aa}$$

由于

$$\hat{x} = (N_{bb}^{-1} - N_{bb}^{-1}C^{\mathrm{T}}N_{cc}^{-1}CN_{bb}^{-1})B^{\mathrm{T}}N_{aa}^{-1}W + N_{bb}^{-1}C^{\mathrm{T}}N_{cc}^{-1}W_X$$

则有

$$\begin{aligned} Q_{\hat{X}\hat{X}} &= (N_{bb}^{-1} - N_{bb}^{-1}C^{\mathrm{T}}N_{cc}^{-1}CN_{bb}^{-1})B^{\mathrm{T}}N_{aa}^{-1}Q_{WW}N_{aa}^{-1}B(N_{bb}^{-1} - N_{bb}^{-1}C^{\mathrm{T}}N_{cc}^{-1}CN_{bb}^{-1}) \\ &= (N_{bb}^{-1} - N_{bb}^{-1}C^{\mathrm{T}}N_{cc}^{-1}CN_{bb}^{-1}) \end{aligned}$$

$$\begin{aligned} Q_{\hat{X}L} &= (N_{bb}^{-1} - N_{bb}^{-1}C^{\mathrm{T}}N_{cc}^{-1}CN_{bb}^{-1})B^{\mathrm{T}}N_{aa}^{-1}Q_{WL} = -(N_{bb}^{-1} - N_{bb}^{-1}C^{\mathrm{T}}N_{cc}^{-1}CN_{bb}^{-1})B^{\mathrm{T}}N_{aa}^{-1}AQ \\ &= -Q_{\hat{X}\hat{X}}B^{\mathrm{T}}N_{aa}^{-1}AQ \end{aligned}$$

$$Q_{\hat{X}W} = (N_{bb}^{-1} - N_{bb}^{-1}C^{\mathrm{T}}N_{cc}^{-1}CN_{bb}^{-1})B^{\mathrm{T}}N_{aa}^{-1}Q_{WW} = Q_{\hat{X}\hat{X}}B^{\mathrm{T}}$$

由于

$$V = QA^{\mathrm{T}}K = QA^{\mathrm{T}}N_{aa}^{-1}(W - B\hat{x})$$

则有

$$\begin{aligned} Q_{VV} &= QA^{\mathrm{T}}N_{aa}^{-1}Q_{WW}N_{aa}^{-1}AQ + QA^{\mathrm{T}}N_{aa}^{-1}BQ_{\hat{X}\hat{X}}B^{\mathrm{T}}N_{aa}^{-1}AQ - \\ &\quad QA^{\mathrm{T}}N_{aa}^{-1}Q_{W\hat{X}}B^{\mathrm{T}}N_{aa}^{-1}AQ - QA^{\mathrm{T}}N_{aa}^{-1}BQ_{\hat{X}W}N_{aa}^{-1}AQ \\ &= QA^{\mathrm{T}}N_{aa}^{-1}AQ - QA^{\mathrm{T}}N_{aa}^{-1}BQ_{\hat{X}\hat{X}}B^{\mathrm{T}}N_{aa}^{-1}AQ \\ &= QA^{\mathrm{T}}(N_{aa}^{-1} - N_{aa}^{-1}BQ_{\hat{X}\hat{X}}B^{\mathrm{T}}N_{aa}^{-1})AQ \end{aligned}$$

$$\begin{aligned} Q_{VL} &= QA^{\mathrm{T}}N_{aa}^{-1}(Q_{WL} - BQ_{\hat{X}L}) \\ &= -QA^{\mathrm{T}}N_{aa}^{-1}AQ + QA^{\mathrm{T}}N_{aa}^{-1}BQ_{\hat{X}\hat{X}}B^{\mathrm{T}}N_{aa}^{-1}AQ \\ &= -QA^{\mathrm{T}}(N_{aa}^{-1} - N_{aa}^{-1}BQ_{\hat{X}\hat{X}}B^{\mathrm{T}}N_{aa}^{-1})AQ \\ &= -Q_{VV} \end{aligned}$$

$$\begin{aligned} Q_{VW} &= QA^{\mathrm{T}}N_{aa}^{-1}Q_{WW} - QA^{\mathrm{T}}N_{aa}^{-1}BQ_{\hat{X}W} \\ &= QA^{\mathrm{T}}N_{aa}^{-1}N_{aa} - QA^{\mathrm{T}}N_{aa}^{-1}BQ_{\hat{X}\hat{X}}B^{\mathrm{T}} \\ &= QA^{\mathrm{T}} - QA^{\mathrm{T}}N_{aa}^{-1}BQ_{\hat{X}\hat{X}}B^{\mathrm{T}} \end{aligned}$$

$$
\begin{aligned}
\boldsymbol{Q}_{V\hat{X}} &= \boldsymbol{Q}\boldsymbol{A}^{\mathrm{T}}\boldsymbol{N}_{aa}^{-1}(\boldsymbol{Q}_{W\hat{X}} - \boldsymbol{B}\boldsymbol{Q}_{\hat{X}\hat{X}}) \\
&= \boldsymbol{Q}\boldsymbol{A}^{\mathrm{T}}\boldsymbol{N}_{aa}^{-1}(\boldsymbol{B}\boldsymbol{Q}_{\hat{X}\hat{X}} - \boldsymbol{B}\boldsymbol{Q}_{\hat{X}\hat{X}}) = 0
\end{aligned}
$$

由于

$$\hat{\boldsymbol{L}} = \boldsymbol{L} + \boldsymbol{V}$$

则有

$$\boldsymbol{Q}_{\hat{L}\hat{L}} = \boldsymbol{Q} + \boldsymbol{Q}_{LV} + \boldsymbol{Q}_{VL} + \boldsymbol{Q}_{VV} = \boldsymbol{Q} - \boldsymbol{Q}_{VV}$$

$$\boldsymbol{Q}_{\hat{L}L} = \boldsymbol{Q} + \boldsymbol{Q}_{VL} = \boldsymbol{Q} - \boldsymbol{Q}_{VV}$$

$$
\begin{aligned}
\boldsymbol{Q}_{\hat{L}W} &= \boldsymbol{Q}_{LW} + \boldsymbol{Q}_{VW} = -\boldsymbol{Q}\boldsymbol{A}^{\mathrm{T}} + \boldsymbol{Q}\boldsymbol{A}^{\mathrm{T}} - \boldsymbol{Q}\boldsymbol{A}^{\mathrm{T}}\boldsymbol{N}_{aa}^{-1}\boldsymbol{B}\boldsymbol{Q}_{\hat{X}\hat{X}}\boldsymbol{B}^{\mathrm{T}} \\
&= -\boldsymbol{Q}\boldsymbol{A}^{\mathrm{T}}\boldsymbol{N}_{aa}^{-1}\boldsymbol{B}\boldsymbol{Q}_{\hat{X}\hat{X}}\boldsymbol{B}^{\mathrm{T}}
\end{aligned}
$$

$$\boldsymbol{Q}_{\hat{L}\hat{X}} = \boldsymbol{Q}_{L\hat{X}} + \boldsymbol{Q}_{V\hat{X}} = \boldsymbol{Q}_{L\hat{X}} = -\boldsymbol{Q}\boldsymbol{A}^{\mathrm{T}}\boldsymbol{N}_{aa}^{-1}\boldsymbol{B}\boldsymbol{Q}_{\hat{X}\hat{X}}$$

$$\boldsymbol{Q}_{\hat{L}V} = \boldsymbol{Q}_{LV} + \boldsymbol{Q}_{VV} = -\boldsymbol{Q}_{VV} + \boldsymbol{Q}_{VV} = 0$$

9.3.4 平差值函数的协因素

$$
\begin{aligned}
z &= f(\hat{X}_1, \hat{X}_2, \cdots, \hat{X}_u) \\
&= f_0 + \sum k_i x_i + \cdots = f_0 + \boldsymbol{F}^{\mathrm{T}}\hat{\boldsymbol{x}} + \cdots
\end{aligned}
$$

对上式进行线性化，得

$$\Delta z = \boldsymbol{F}^{\mathrm{T}}\hat{\boldsymbol{x}}$$

由协方差传播定律，得

$$\frac{1}{p_z} = \boldsymbol{F}^{\mathrm{T}}\boldsymbol{Q}_{\hat{X}\hat{X}}\boldsymbol{F}\ , \quad \hat{\sigma}_z = \hat{\sigma}_0\sqrt{\frac{1}{p_z}}$$

9.4 公式汇编和讨论

9.4.1 概括平差的公式汇编

函数模型：

$$\underset{c\times n}{\boldsymbol{A}}\underset{n\times 1}{\boldsymbol{V}} + \underset{c\times u}{\boldsymbol{B}}\underset{u\times 1}{\hat{\boldsymbol{x}}} + \underset{c\times 1}{\boldsymbol{W}} = \underset{c\times 1}{\boldsymbol{0}}\ , \quad \boldsymbol{W} = \boldsymbol{F}(\boldsymbol{L}, \boldsymbol{X}^0)$$

$$\underset{s\times u}{\boldsymbol{C}}\underset{u\times 1}{\hat{\boldsymbol{x}}} + \underset{s\times 1}{\boldsymbol{W}_x} = \underset{s\times 1}{\boldsymbol{0}}\ , \quad \boldsymbol{W}_X = \boldsymbol{\Phi}(\boldsymbol{X}^0)$$

随机模型：

$$\boldsymbol{D}=\sigma_0^2\boldsymbol{Q}=\sigma_0^2\boldsymbol{P}^{-1}$$

法方程：

$$\begin{pmatrix}\underset{c\times c}{\boldsymbol{N}_{aa}} & \underset{c\times u}{\boldsymbol{B}} & \underset{c\times s}{\boldsymbol{0}}\\ \underset{u\times c}{\boldsymbol{B}^{\mathrm{T}}} & \underset{u\times u}{\boldsymbol{0}} & \underset{u\times s}{\boldsymbol{C}^{\mathrm{T}}}\\ \underset{s\times c}{\boldsymbol{0}} & \underset{s\times u}{\boldsymbol{C}} & \underset{s\times s}{\boldsymbol{0}}\end{pmatrix}\begin{pmatrix}\underset{c\times 1}{\boldsymbol{K}}\\ \underset{u\times 1}{\hat{\boldsymbol{x}}}\\ \underset{s\times 1}{\boldsymbol{K}_s}\end{pmatrix}=\begin{pmatrix}\underset{c\times 1}{-\boldsymbol{W}}\\ \underset{u\times 1}{\boldsymbol{0}}\\ \underset{s\times 1}{-\boldsymbol{W}_X}\end{pmatrix}$$

其中 $\underset{c\times c}{\boldsymbol{N}_{aa}}=\boldsymbol{AQA}^{\mathrm{T}}$， $\underset{u\times u}{\boldsymbol{N}_{bb}}=\boldsymbol{B}^{\mathrm{T}}\boldsymbol{N}_{aa}^{-1}\boldsymbol{B}$， $\underset{s\times s}{\boldsymbol{N}_{cc}}=\boldsymbol{CN}_{bb}^{-1}\boldsymbol{C}^{\mathrm{T}}$.

法方程的解：

$$\hat{\boldsymbol{x}}=(\boldsymbol{N}_{bb}^{-1}-\boldsymbol{N}_{bb}^{-1}\boldsymbol{C}^{\mathrm{T}}\boldsymbol{N}_{cc}^{-1}\boldsymbol{CN}_{bb}^{-1})\boldsymbol{B}^{\mathrm{T}}\boldsymbol{N}_{aa}^{-1}\boldsymbol{W}+\boldsymbol{N}_{bb}^{-1}\boldsymbol{C}^{\mathrm{T}}\boldsymbol{N}_{cc}^{-1}\boldsymbol{W}_X$$

$$\boldsymbol{V}=-\boldsymbol{QA}^{\mathrm{T}}\boldsymbol{N}_{aa}^{-1}(\boldsymbol{W}+\boldsymbol{B}\hat{\boldsymbol{x}})$$

$$\hat{\boldsymbol{X}}=\boldsymbol{X}^0+\hat{\boldsymbol{x}}$$

$$\hat{\boldsymbol{L}}=\boldsymbol{L}+\boldsymbol{V}$$

单位权方差：

$$\hat{\sigma}_0^2=\frac{\boldsymbol{V}^{\mathrm{T}}\boldsymbol{PV}}{r}=\frac{\boldsymbol{V}^{\mathrm{T}}\boldsymbol{PV}}{c-(u-s)}$$

$$\boldsymbol{Q}_{VV}=\boldsymbol{QA}^{\mathrm{T}}(\boldsymbol{N}_{aa}^{-1}-\boldsymbol{N}_{aa}^{-1}\boldsymbol{BQ}_{\hat{X}\hat{X}}\boldsymbol{B}^{\mathrm{T}}\boldsymbol{N}_{aa}^{-1})\boldsymbol{AQ}$$

$$\boldsymbol{Q}_{\hat{L}\hat{L}}=\boldsymbol{Q}-\boldsymbol{Q}_{VV}$$

$$\boldsymbol{Q}_{\hat{X}\hat{X}}=(\boldsymbol{N}_{bb}^{-1}-\boldsymbol{N}_{bb}^{-1}\boldsymbol{C}^{\mathrm{T}}\boldsymbol{N}_{cc}^{-1}\boldsymbol{CN}_{bb}^{-1})$$

平差值函数的权倒数和中误差：

$$z=\boldsymbol{F}^{\mathrm{T}}\hat{\boldsymbol{X}}$$

$$\frac{1}{p_z}=\boldsymbol{F}^{\mathrm{T}}\boldsymbol{Q}_{\hat{X}\hat{X}}\boldsymbol{F}\text{，}\quad \hat{\sigma}_z=\hat{\sigma}_0\sqrt{\frac{1}{p_z}}$$

9.4.2 讨 论

$$\underset{c\times n}{\boldsymbol{A}}\underset{n\times 1}{\boldsymbol{V}}+\underset{c\times u}{\boldsymbol{B}}\underset{u\times 1}{\hat{\boldsymbol{x}}}+\underset{c\times 1}{\boldsymbol{W}}=\underset{c\times 1}{\boldsymbol{0}}$$

$$\underset{s\times u}{\boldsymbol{C}}\underset{u\times 1}{\hat{\boldsymbol{x}}}+\underset{s\times 1}{\boldsymbol{W}_x}=\underset{s\times 1}{\boldsymbol{0}}$$

1. 当 $\boldsymbol{B}=\boldsymbol{0}$， $\boldsymbol{C}=\boldsymbol{0}$，即 $u=0$， $s=0$， $c=r+u-s=r$ 时，得到条件平差模型

函数模型：

$$\boldsymbol{AV}+\boldsymbol{W}=\boldsymbol{0}, \quad \boldsymbol{W}=\boldsymbol{F}(\boldsymbol{L},\boldsymbol{X}^0)$$

平差的随机模型：

$$\boldsymbol{D}=\sigma_0^2\boldsymbol{Q}=\sigma_0^2\boldsymbol{P}^{-1}$$

法方程：

$$\boldsymbol{N}_{aa}\boldsymbol{K}+\boldsymbol{W}=\boldsymbol{0}$$

其中 $\underset{c\times c}{\boldsymbol{N}_{aa}}=\boldsymbol{AQA}^{\mathrm{T}}$， $\underset{u\times u}{\boldsymbol{N}_{bb}}=\boldsymbol{B}^{\mathrm{T}}\boldsymbol{N}_{aa}^{-1}\boldsymbol{B}$， $\underset{s\times s}{\boldsymbol{N}_{cc}}=\boldsymbol{CN}_{bb}^{-1}\boldsymbol{C}^{\mathrm{T}}$.

法方程的解：

$$\boldsymbol{V}=\boldsymbol{QA}^{\mathrm{T}}\boldsymbol{N}_{aa}^{-1}\boldsymbol{W}$$

$$\hat{\boldsymbol{L}}=\boldsymbol{L}+\boldsymbol{V}$$

单位权方差：

$$\hat{\sigma}_0^2=\frac{\boldsymbol{V}^{\mathrm{T}}\boldsymbol{PV}}{r}$$

$$\boldsymbol{Q}_{VV}=\boldsymbol{QA}^{\mathrm{T}}(\boldsymbol{N}_{aa}^{-1}-\boldsymbol{N}_{aa}^{-1}\boldsymbol{BQ}_{\hat{X}\hat{X}}\boldsymbol{B}^{\mathrm{T}}\boldsymbol{N}_{aa}^{-1})\boldsymbol{AQ}=\boldsymbol{QA}^{\mathrm{T}}\boldsymbol{N}_{aa}^{-1}\boldsymbol{AQ}$$

$$\boldsymbol{Q}_{\hat{L}\hat{L}}=\boldsymbol{Q}-\boldsymbol{Q}_{VV}=\boldsymbol{Q}-\boldsymbol{QA}^{\mathrm{T}}\boldsymbol{N}_{aa}^{-1}\boldsymbol{AQ}$$

2. 当 $\boldsymbol{A}=-\boldsymbol{I}$， $\boldsymbol{C}=\boldsymbol{0}$，即 $u=t$， $s=0$， $c=r+u-s=n$ 时，得到间接平差模型

函数模型：

$$\boldsymbol{V}=\boldsymbol{B}\hat{\boldsymbol{x}}+\boldsymbol{W}, \quad \boldsymbol{W}=\boldsymbol{F}(\boldsymbol{L},\boldsymbol{X}^0)=-\boldsymbol{l}$$

平差的随机模型：

$$\boldsymbol{D}=\sigma_0^2\boldsymbol{Q}=\sigma_0^2\boldsymbol{P}^{-1}$$

$$\boldsymbol{N}_{aa}=\boldsymbol{AQA}^{\mathrm{T}}=\boldsymbol{Q}, \quad \boldsymbol{N}_{bb}=\boldsymbol{B}^{\mathrm{T}}\boldsymbol{N}_{aa}^{-1}\boldsymbol{B}=\boldsymbol{B}^{\mathrm{T}}\boldsymbol{PB}, \quad \boldsymbol{N}_{cc}=\boldsymbol{CN}_{bb}^{-1}\boldsymbol{C}^{\mathrm{T}}=\boldsymbol{0}$$

法方程的解：

$$\begin{aligned}\hat{\boldsymbol{x}}&=(\boldsymbol{N}_{bb}^{-1}-\boldsymbol{N}_{bb}^{-1}\boldsymbol{C}^{\mathrm{T}}\boldsymbol{N}_{cc}^{-1}\boldsymbol{CN}_{bb}^{-1})\boldsymbol{B}^{\mathrm{T}}\boldsymbol{N}_{aa}^{-1}\boldsymbol{W}+\boldsymbol{N}_{bb}^{-1}\boldsymbol{C}^{\mathrm{T}}\boldsymbol{N}_{cc}^{-1}\boldsymbol{W}_X\\&=\boldsymbol{N}_{bb}^{-1}\boldsymbol{B}^{\mathrm{T}}\boldsymbol{N}_{aa}^{-1}\boldsymbol{W}=\boldsymbol{N}_{bb}^{-1}\boldsymbol{B}^{\mathrm{T}}\boldsymbol{Pl}\end{aligned}$$

$$\boldsymbol{V}=\boldsymbol{QA}^{\mathrm{T}}\boldsymbol{N}_{aa}^{-1}(\boldsymbol{W}-\boldsymbol{B}\hat{\boldsymbol{x}})=-\boldsymbol{QP}(\boldsymbol{l}-\boldsymbol{BN}_{bb}^{-1}\boldsymbol{B}^{\mathrm{T}}\boldsymbol{Pl})=\boldsymbol{BN}_{bb}^{-1}\boldsymbol{B}^{\mathrm{T}}\boldsymbol{Pl}-\boldsymbol{l}$$

$$\hat{\boldsymbol{X}}=\boldsymbol{X}^0+\hat{\boldsymbol{x}}$$

$$\hat{\boldsymbol{L}}=\boldsymbol{L}+\boldsymbol{V}$$

单位权方差：

$$\hat{\sigma}_0^2=\frac{\boldsymbol{V}^{\mathrm{T}}\boldsymbol{PV}}{r}=\frac{\boldsymbol{V}^{\mathrm{T}}\boldsymbol{PV}}{c-(u-s)}=\frac{\boldsymbol{V}^{\mathrm{T}}\boldsymbol{PV}}{n-t}$$

平差参数的方差：

$$\boldsymbol{D}_{\hat{X}\hat{X}}=\hat{\sigma}_0^2\boldsymbol{Q}_{\hat{X}\hat{X}}=\hat{\sigma}_0^2(\boldsymbol{N}_{bb}^{-1}-\boldsymbol{N}_{bb}^{-1}\boldsymbol{C}^{\mathrm{T}}\boldsymbol{N}_{cc}^{-1}\boldsymbol{C}\boldsymbol{N}_{bb}^{-1})=\hat{\sigma}_0^2\boldsymbol{N}_{bb}^{-1}$$

3. 当$\boldsymbol{C}=\boldsymbol{0}$，即$u<t$，$s=0$，$c=r+u$时，得到附有参数的条件平差模型

函数模型：

$$\underset{c\times n}{\boldsymbol{A}}\underset{n\times 1}{\boldsymbol{V}}+\underset{c\times u}{\boldsymbol{B}}\underset{u\times 1}{\hat{\boldsymbol{x}}}+\underset{c\times 1}{\boldsymbol{W}}=\underset{c\times 1}{\boldsymbol{0}}\ ,\quad \boldsymbol{W}=\boldsymbol{F}(\boldsymbol{L},\boldsymbol{X}^0)$$

平差的随机模型：

$$\boldsymbol{D}=\sigma_0^2\boldsymbol{Q}=\sigma_0^2\boldsymbol{P}^{-1}$$

$$\underset{c\times c}{\boldsymbol{N}_{aa}}=\boldsymbol{AQA}^{\mathrm{T}}\ ,\quad \underset{u\times u}{\boldsymbol{N}_{bb}}=\boldsymbol{B}^{\mathrm{T}}\boldsymbol{N}_{aa}^{-1}\boldsymbol{B}\ ,\quad \underset{s\times s}{\boldsymbol{N}_{cc}}=\boldsymbol{C}\boldsymbol{N}_{bb}^{-1}\boldsymbol{C}^{\mathrm{T}}=\boldsymbol{0}$$

法方程的解：

$$\begin{aligned}\hat{\boldsymbol{x}}&=(\boldsymbol{N}_{bb}^{-1}-\boldsymbol{N}_{bb}^{-1}\boldsymbol{C}^{\mathrm{T}}\boldsymbol{N}_{cc}^{-1}\boldsymbol{C}\boldsymbol{N}_{bb}^{-1})\boldsymbol{B}^{\mathrm{T}}\boldsymbol{N}_{aa}^{-1}\boldsymbol{W}+\boldsymbol{N}_{bb}^{-1}\boldsymbol{C}^{\mathrm{T}}\boldsymbol{N}_{cc}^{-1}\boldsymbol{W}_X\\&=\boldsymbol{N}_{bb}^{-1}\boldsymbol{B}^{\mathrm{T}}\boldsymbol{N}_{aa}^{-1}\boldsymbol{W}\end{aligned}$$

$$\boldsymbol{V}=\boldsymbol{QA}^{\mathrm{T}}\boldsymbol{N}_{aa}^{-1}(\boldsymbol{W}-\boldsymbol{B}\hat{\boldsymbol{x}})$$

$$\hat{\boldsymbol{X}}=\boldsymbol{X}^0+\hat{\boldsymbol{x}}$$

$$\hat{\boldsymbol{L}}=\boldsymbol{L}+\boldsymbol{V}$$

单位权方差：

$$\hat{\sigma}_0^2=\frac{\boldsymbol{V}^{\mathrm{T}}\boldsymbol{PV}}{r}=\frac{\boldsymbol{V}^{\mathrm{T}}\boldsymbol{PV}}{c-u}$$

4. 当$\boldsymbol{A}=-\boldsymbol{I}$，即$u=t+s$，$c=r+u-s=r+t=n$时，得到附有条件的间接平差模型

函数模型：

$$\underset{n\times 1}{\boldsymbol{V}}=\underset{n\times u}{\boldsymbol{B}}\underset{u\times 1}{\hat{\boldsymbol{x}}}-\underset{n\times 1}{\boldsymbol{W}}=\underset{n\times 1}{\boldsymbol{0}}\ ,\quad \boldsymbol{W}=-\boldsymbol{F}(\boldsymbol{L},\boldsymbol{X}^0)=\boldsymbol{l}$$

$$\underset{s\times u}{\boldsymbol{C}}\underset{u\times 1}{\hat{\boldsymbol{x}}}-\underset{s\times 1}{\boldsymbol{W}_x}=\underset{s\times 1}{\boldsymbol{0}}\ ,\quad \boldsymbol{W}_X=\boldsymbol{\Phi}(\boldsymbol{X}^0)$$

平差的随机模型：

$$\boldsymbol{D}=\sigma_0^2\boldsymbol{Q}=\sigma_0^2\boldsymbol{P}^{-1}$$

$$\underset{c\times c}{\boldsymbol{N}_{aa}}=\boldsymbol{AQA}^{\mathrm{T}}=\boldsymbol{Q}\ ,\quad \underset{u\times u}{\boldsymbol{N}_{bb}}=\boldsymbol{B}^{\mathrm{T}}\boldsymbol{N}_{aa}^{-1}\boldsymbol{B}=\boldsymbol{B}^{\mathrm{T}}\boldsymbol{PB}\ ,\quad \underset{s\times s}{\boldsymbol{N}_{cc}}=\boldsymbol{C}\boldsymbol{N}_{bb}^{-1}\boldsymbol{C}^{\mathrm{T}}$$

法方程的解：

$$\hat{\boldsymbol{x}}=(\boldsymbol{N}_{bb}^{-1}-\boldsymbol{N}_{bb}^{-1}\boldsymbol{C}^{\mathrm{T}}\boldsymbol{N}_{cc}^{-1}\boldsymbol{C}\boldsymbol{N}_{bb}^{-1})\boldsymbol{B}^{\mathrm{T}}\boldsymbol{N}_{aa}^{-1}\boldsymbol{W}+\boldsymbol{N}_{bb}^{-1}\boldsymbol{C}^{\mathrm{T}}\boldsymbol{N}_{cc}^{-1}\boldsymbol{W}_X$$

$$\boldsymbol{V}=\boldsymbol{Q}\boldsymbol{A}^{\mathrm{T}}\boldsymbol{N}_{aa}^{-1}(\boldsymbol{W}-\boldsymbol{B}\hat{\boldsymbol{x}})=\boldsymbol{B}\hat{\boldsymbol{x}}-\boldsymbol{W}$$

$$\hat{\boldsymbol{X}}=\boldsymbol{X}^0+\hat{\boldsymbol{x}}$$

$$\hat{\boldsymbol{L}}=\boldsymbol{L}+\boldsymbol{V}$$

 9.5　平差结果的统计性质

9.5.1　估计量 $\hat{\boldsymbol{L}}$ 和 $\hat{\boldsymbol{X}}$ 具有无偏性

概括平差的函数模型是

$$\underset{c\times n}{\boldsymbol{A}}\underset{n\times 1}{\Delta}+\underset{c\times u}{\boldsymbol{B}}\underset{u\times 1}{\tilde{\boldsymbol{x}}}+\underset{c\times 1}{\boldsymbol{W}}=\underset{c\times 1}{\boldsymbol{0}}，\quad \boldsymbol{W}=\boldsymbol{F}(\boldsymbol{L},\boldsymbol{X}^0)$$

$$\underset{s\times u}{\boldsymbol{C}}\underset{u\times 1}{\tilde{\boldsymbol{x}}}+\underset{s\times 1}{\boldsymbol{W}_x}=\underset{s\times 1}{\boldsymbol{0}}，\quad \boldsymbol{W}_X=\boldsymbol{\Phi}(\boldsymbol{X}^0)$$

可得

$$E(\boldsymbol{W})=-\boldsymbol{B}\tilde{\boldsymbol{x}}，\quad E(\boldsymbol{W}_X)=-\boldsymbol{C}\tilde{\boldsymbol{x}}$$

则有

$$\begin{aligned}E(\hat{\boldsymbol{x}})&=-(\boldsymbol{N}_{bb}^{-1}-\boldsymbol{N}_{bb}^{-1}\boldsymbol{C}^{\mathrm{T}}\boldsymbol{N}_{cc}^{-1}\boldsymbol{C}\boldsymbol{N}_{bb}^{-1})\boldsymbol{B}^{\mathrm{T}}\boldsymbol{N}_{aa}^{-1}E(\boldsymbol{W})-\boldsymbol{N}_{bb}^{-1}\boldsymbol{C}^{\mathrm{T}}\boldsymbol{N}_{cc}^{-1}E(\boldsymbol{W}_X)\\&=(\boldsymbol{N}_{bb}^{-1}-\boldsymbol{N}_{bb}^{-1}\boldsymbol{C}^{\mathrm{T}}\boldsymbol{N}_{cc}^{-1}\boldsymbol{C}\boldsymbol{N}_{bb}^{-1})\boldsymbol{B}^{\mathrm{T}}\boldsymbol{N}_{aa}^{-1}\boldsymbol{B}\tilde{\boldsymbol{x}}+\boldsymbol{N}_{bb}^{-1}\boldsymbol{C}^{\mathrm{T}}\boldsymbol{N}_{cc}^{-1}\boldsymbol{C}\tilde{\boldsymbol{x}}\\&=\boldsymbol{I}\tilde{\boldsymbol{x}}-\boldsymbol{N}_{bb}^{-1}\boldsymbol{C}^{\mathrm{T}}\boldsymbol{N}_{cc}^{-1}\boldsymbol{C}\tilde{\boldsymbol{x}}+\boldsymbol{N}_{bb}^{-1}\boldsymbol{C}^{\mathrm{T}}\boldsymbol{N}_{cc}^{-1}\boldsymbol{C}\tilde{\boldsymbol{x}}=\tilde{\boldsymbol{x}}\end{aligned}$$

$$\begin{aligned}E(\boldsymbol{V})&=-\boldsymbol{Q}\boldsymbol{A}^{\mathrm{T}}\boldsymbol{N}_{aa}^{-1}\left[E(\boldsymbol{W})+\boldsymbol{B}E(\hat{\boldsymbol{x}})\right]\\&=-\boldsymbol{Q}\boldsymbol{A}^{T}\boldsymbol{N}_{aa}^{-1}(-\boldsymbol{B}\tilde{\boldsymbol{x}}+\boldsymbol{B}\tilde{\boldsymbol{x}})=\boldsymbol{0}\end{aligned}$$

$$E(\hat{\boldsymbol{X}})=\boldsymbol{X}^0+E(\hat{\boldsymbol{x}})=\boldsymbol{X}^0+\tilde{\boldsymbol{x}}=\tilde{\boldsymbol{X}}$$

$$E(\hat{\boldsymbol{L}})=E(\boldsymbol{L})+E(\boldsymbol{V})=\tilde{\boldsymbol{L}}$$

9.5.2　估计量 $\hat{\boldsymbol{X}}$ 具有最小方差性

证明 $\hat{\boldsymbol{x}}=-(\boldsymbol{N}_{bb}^{-1}-\boldsymbol{N}_{bb}^{-1}\boldsymbol{C}^{\mathrm{T}}\boldsymbol{N}_{cc}^{-1}\boldsymbol{C}\boldsymbol{N}_{bb}^{-1})\boldsymbol{B}^{\mathrm{T}}\boldsymbol{N}_{aa}^{-1}\boldsymbol{W}-\boldsymbol{N}_{bb}^{-1}\boldsymbol{C}^{\mathrm{T}}\boldsymbol{N}_{cc}^{-1}\boldsymbol{W}_X$.

即要证明 $tr(\boldsymbol{D}_{\hat{X}\hat{X}})\equiv tr(\boldsymbol{Q}_{\hat{X}\hat{X}})=\min$.

设有另一个参数估值向量 $\hat{\boldsymbol{x}}'$，其表达式是

$$\hat{\boldsymbol{x}}' = \boldsymbol{H}_1\boldsymbol{W} + \boldsymbol{H}_2\boldsymbol{W}_X$$

令它满足无偏性

$$E(\hat{\boldsymbol{x}}') = \boldsymbol{H}_1 E(\boldsymbol{W}) + \boldsymbol{H}_2 E(\boldsymbol{W}_X) = -(\boldsymbol{H}_1\boldsymbol{B} + \boldsymbol{H}_2\boldsymbol{C})\tilde{\boldsymbol{x}} = \tilde{\boldsymbol{x}}$$

则有

$$\boldsymbol{H}_1\boldsymbol{B} + \boldsymbol{H}_2\boldsymbol{C} = -\boldsymbol{I}$$

参数估值向量 $\hat{\boldsymbol{x}}'$ 的方差阵是

$$\boldsymbol{Q}_{\hat{X}'\hat{X}'} = \boldsymbol{H}_1\boldsymbol{Q}_{WW}\boldsymbol{H}_1^{\mathrm{T}} = \boldsymbol{H}_1\boldsymbol{N}_{aa}\boldsymbol{H}_1^{\mathrm{T}}$$

令 $\boldsymbol{Q}_{\hat{X}'\hat{X}'}$ 具有最小方差性，即要求下式成立：

$$\boldsymbol{\phi} = tr(\boldsymbol{H}_1\boldsymbol{N}_{aa}\boldsymbol{H}_1^{\mathrm{T}}) + tr\left[2(\boldsymbol{H}_1\boldsymbol{B} + \boldsymbol{H}_2\boldsymbol{C} + \boldsymbol{I})\boldsymbol{K}^{\mathrm{T}}\right] = \min$$

$$\frac{\partial\boldsymbol{\phi}}{\partial\boldsymbol{H}_1} = 2\boldsymbol{H}_1\boldsymbol{N}_{aa} + 2\boldsymbol{K}\boldsymbol{B}^{\mathrm{T}} = \boldsymbol{0} \Rightarrow \boldsymbol{H}_1 = -\boldsymbol{K}\boldsymbol{B}^{\mathrm{T}}\boldsymbol{N}_{aa}^{-1}$$

$$\frac{\partial\boldsymbol{\phi}}{\partial\boldsymbol{H}_2} = 2\boldsymbol{K}\boldsymbol{C}^{\mathrm{T}} = \boldsymbol{0}$$

代入无偏性条件，得

$$(-\boldsymbol{K}\boldsymbol{B}^{\mathrm{T}}\boldsymbol{N}_{aa}^{-1}\boldsymbol{B} + \boldsymbol{H}_2\boldsymbol{C}) = -\boldsymbol{I} \Rightarrow \boldsymbol{K} = (\boldsymbol{H}_2\boldsymbol{C} + \boldsymbol{I})\boldsymbol{N}_{bb}^{-1}$$

代入最小方差性的第二个条件，得

$$\boldsymbol{K}\boldsymbol{C}^{\mathrm{T}} = \boldsymbol{0} \Rightarrow (\boldsymbol{H}_2\boldsymbol{C} + \boldsymbol{I})\boldsymbol{N}_{bb}^{-1}\boldsymbol{C}^{\mathrm{T}} = \boldsymbol{0} \Rightarrow \boldsymbol{H}_2 = -\boldsymbol{N}_{bb}^{-1}\boldsymbol{C}^{\mathrm{T}}\boldsymbol{N}_{cc}^{-1}$$

则有

$$\boldsymbol{K} = (\boldsymbol{H}_2\boldsymbol{C} + \boldsymbol{I})\boldsymbol{N}_{bb}^{-1} = -\boldsymbol{N}_{bb}^{-1}\boldsymbol{C}^{\mathrm{T}}\boldsymbol{N}_{cc}^{-1}\boldsymbol{C}\boldsymbol{N}_{bb}^{-1} + \boldsymbol{N}_{bb}^{-1}$$

$$\boldsymbol{H}_1 = -\boldsymbol{K}\boldsymbol{B}^{\mathrm{T}}\boldsymbol{N}_{aa}^{-1} = -(\boldsymbol{N}_{bb}^{-1} - \boldsymbol{N}_{bb}^{-1}\boldsymbol{C}^{\mathrm{T}}\boldsymbol{N}_{cc}^{-1}\boldsymbol{C}\boldsymbol{N}_{bb}^{-1})\boldsymbol{B}^{\mathrm{T}}\boldsymbol{N}_{aa}^{-1}$$

最后，得参数估值向量 $\hat{\boldsymbol{x}}'$ 的表达式

$$\hat{\boldsymbol{x}}' = -(\boldsymbol{N}_{bb}^{-1} - \boldsymbol{N}_{bb}^{-1}\boldsymbol{C}^{\mathrm{T}}\boldsymbol{N}_{cc}^{-1}\boldsymbol{C}\boldsymbol{N}_{bb}^{-1})\boldsymbol{B}^{\mathrm{T}}\boldsymbol{N}_{aa}^{-1}\boldsymbol{W} - \boldsymbol{N}_{bb}^{-1}\boldsymbol{C}^{\mathrm{T}}\boldsymbol{N}_{cc}^{-1}\boldsymbol{W}_X$$

它具有无偏和最小方差性，即有效性. 但是又看到

$$\hat{\boldsymbol{x}}' = -(\boldsymbol{N}_{bb}^{-1} - \boldsymbol{N}_{bb}^{-1}\boldsymbol{C}^{\mathrm{T}}\boldsymbol{N}_{cc}^{-1}\boldsymbol{C}\boldsymbol{N}_{bb}^{-1})\boldsymbol{B}^{\mathrm{T}}\boldsymbol{N}_{aa}^{-1}\boldsymbol{W} - \boldsymbol{N}_{bb}^{-1}\boldsymbol{C}^{\mathrm{T}}\boldsymbol{N}_{cc}^{-1}\boldsymbol{W}_X = \hat{\boldsymbol{x}}$$

这就说明估计量 $\hat{\boldsymbol{X}}$ 具有最小方差无偏性.

9.5.3 估计量 $\hat{L}$ 具有最小方差性

证明

$$\begin{aligned}\hat{\boldsymbol{L}} &= \boldsymbol{L}+\boldsymbol{V} \\ &= \boldsymbol{L}-\boldsymbol{Q}\boldsymbol{A}^{\mathrm{T}}\boldsymbol{N}_{aa}^{-1}(\boldsymbol{W}+\boldsymbol{B}\hat{\boldsymbol{x}}) \\ &= \boldsymbol{L}-\boldsymbol{Q}\boldsymbol{A}^{\mathrm{T}}\boldsymbol{N}_{aa}^{-1}(\boldsymbol{W}+\boldsymbol{B}\boldsymbol{H}_1\boldsymbol{W}+\boldsymbol{B}\boldsymbol{H}_2\boldsymbol{W}_X) \\ &= \boldsymbol{L}-\boldsymbol{Q}\boldsymbol{A}^{\mathrm{T}}\boldsymbol{N}_{aa}^{-1}(\boldsymbol{I}+\boldsymbol{B}\boldsymbol{H}_1)\boldsymbol{W}-\boldsymbol{Q}\boldsymbol{A}^{\mathrm{T}}\boldsymbol{N}_{aa}^{-1}\boldsymbol{B}\boldsymbol{H}_2\boldsymbol{W}_X\end{aligned}$$

设有另一个参数估值向量 $\hat{\boldsymbol{L}}'$ 是 $\tilde{\boldsymbol{L}}$ 的无偏和最小方差估计量，令其表达式是

$$\hat{\boldsymbol{L}}' = \boldsymbol{L}+\boldsymbol{G}_1\boldsymbol{W}+\boldsymbol{G}_2\boldsymbol{W}_X$$

它满足无偏性，即要求

$$\boldsymbol{G}_1\boldsymbol{B}+\boldsymbol{G}_2\boldsymbol{C}=\boldsymbol{0}$$

$\hat{\boldsymbol{L}}'$ 的方差阵是

$$\begin{aligned}\boldsymbol{Q}_{\hat{L}'\hat{L}'} &= \boldsymbol{Q}+\boldsymbol{Q}_{LW}\boldsymbol{G}_1^{\mathrm{T}}+\boldsymbol{G}_1\boldsymbol{Q}_{WL}+\boldsymbol{G}\boldsymbol{Q}_{WW}\boldsymbol{G}_1^{\mathrm{T}} \\ &= \boldsymbol{Q}+\boldsymbol{Q}\boldsymbol{A}^{\mathrm{T}}\boldsymbol{G}_1^{\mathrm{T}}+\boldsymbol{G}_1\boldsymbol{A}\boldsymbol{Q}+\boldsymbol{G}\boldsymbol{N}_{aa}\boldsymbol{G}_1^{\mathrm{T}}\end{aligned}$$

它满足最小方差性，即要求

$$\boldsymbol{\varphi}=tr(\boldsymbol{Q}_{\hat{L}'\hat{L}'})+2tr(\boldsymbol{G}_1\boldsymbol{B}+\boldsymbol{G}_2\boldsymbol{C})\boldsymbol{K}^{\mathrm{T}}=\min$$

$$\frac{\partial\boldsymbol{\varphi}}{\partial\boldsymbol{G}_1}=2\boldsymbol{Q}\boldsymbol{A}^{\mathrm{T}}+2\boldsymbol{G}_1\boldsymbol{N}_{aa}+2\boldsymbol{K}\boldsymbol{B}^{\mathrm{T}}=\boldsymbol{0}\Rightarrow\boldsymbol{G}_1=-(\boldsymbol{Q}\boldsymbol{A}^{\mathrm{T}}+\boldsymbol{K}\boldsymbol{B}^{\mathrm{T}})\boldsymbol{N}_{aa}^{-1}$$

$$\frac{\partial\boldsymbol{\varphi}}{\partial\boldsymbol{G}_2}=2\boldsymbol{K}\boldsymbol{C}^{\mathrm{T}}=\boldsymbol{0}$$

把最小方差性的第一个条件代入无偏性条件，得

$$-(\boldsymbol{Q}\boldsymbol{A}^{\mathrm{T}}+\boldsymbol{K}\boldsymbol{B}^{\mathrm{T}})\boldsymbol{N}_{aa}^{-1}\boldsymbol{B}+\boldsymbol{G}_2\boldsymbol{C}=\boldsymbol{0}\Rightarrow\boldsymbol{K}=-(\boldsymbol{Q}\boldsymbol{A}^{\mathrm{T}}\boldsymbol{N}_{aa}^{-1}\boldsymbol{B}-\boldsymbol{G}_2\boldsymbol{C})\boldsymbol{N}_{bb}^{-1}$$

再代入最小方差性的第二个条件，得

$$\boldsymbol{K}\boldsymbol{C}^{\mathrm{T}}=-(\boldsymbol{Q}\boldsymbol{A}^{\mathrm{T}}\boldsymbol{N}_{aa}^{-1}\boldsymbol{B}-\boldsymbol{G}_2\boldsymbol{C})\boldsymbol{N}_{bb}^{-1}\boldsymbol{C}^{\mathrm{T}}=\boldsymbol{0}\Rightarrow\boldsymbol{G}_2=\boldsymbol{Q}\boldsymbol{A}^{\mathrm{T}}\boldsymbol{N}_{aa}^{-1}\boldsymbol{B}\boldsymbol{N}_{bb}^{-1}\boldsymbol{C}^{\mathrm{T}}\boldsymbol{N}_{cc}^{-1}$$

再代入上式，得

$$\begin{aligned}\boldsymbol{K} &= -(\boldsymbol{Q}\boldsymbol{A}^{\mathrm{T}}\boldsymbol{N}_{aa}^{-1}\boldsymbol{B}-\boldsymbol{G}_2\boldsymbol{C})\boldsymbol{N}_{bb}^{-1} \\ &= -\boldsymbol{Q}\boldsymbol{A}^{\mathrm{T}}\boldsymbol{N}_{aa}^{-1}\boldsymbol{B}\boldsymbol{N}_{bb}^{-1}+\boldsymbol{Q}\boldsymbol{A}^{\mathrm{T}}\boldsymbol{N}_{aa}^{-1}\boldsymbol{B}\boldsymbol{N}_{bb}^{-1}\boldsymbol{C}^{\mathrm{T}}\boldsymbol{N}_{cc}^{-1}\boldsymbol{C}\boldsymbol{N}_{bb}^{-1} \\ &= -\boldsymbol{Q}\boldsymbol{A}^{\mathrm{T}}\boldsymbol{N}_{aa}^{-1}\boldsymbol{B}(\boldsymbol{N}_{bb}^{-1}-\boldsymbol{N}_{bb}^{-1}\boldsymbol{C}^{\mathrm{T}}\boldsymbol{N}_{cc}^{-1}\boldsymbol{C}\boldsymbol{N}_{bb}^{-1}) \\ &= -\boldsymbol{Q}\boldsymbol{A}^{\mathrm{T}}\boldsymbol{N}_{aa}^{-1}\boldsymbol{B}\boldsymbol{Q}_{\hat{X}\hat{X}}\end{aligned}$$

那么有

$$
\begin{aligned}
G_1 &= -(QA^{\mathrm{T}} + KB^{\mathrm{T}})N_{aa}^{-1} \\
&= -QA^{\mathrm{T}}N_{aa}^{-1} + QA^{\mathrm{T}}N_{aa}^{-1}BQ_{\hat{X}\hat{X}}B^{\mathrm{T}}N_{aa}^{-1} \\
&= -QA^{\mathrm{T}}N_{aa}^{-1}(I - BQ_{\hat{X}\hat{X}}B^{\mathrm{T}}N_{aa}^{-1})
\end{aligned}
$$

最后，得估计量 $\hat{L}'$ 的表达式

$$
\begin{aligned}
\hat{L}' &= L + G_1W + G_2W_X \\
&= L - QA^{\mathrm{T}}N_{aa}^{-1}(I - BQ_{\hat{X}\hat{X}}B^{\mathrm{T}}N_{aa}^{-1})W + QA^{\mathrm{T}}N_{aa}^{-1}BN_{bb}^{-1}C^{\mathrm{T}}N_{cc}^{-1}W_X \\
&= L + QA^{\mathrm{T}}N_{aa}^{-1}(I - BH_1)W - QA^{\mathrm{T}}N_{aa}^{-1}BH_2W_X \\
&= \hat{L}
\end{aligned}
$$

至此就证明了 $\hat{L}$ 是无偏和最小方差估计量.

9.5.4 单位权方差的计算及其无偏性的证明

定理 若有服从任意分布的 n 维随机向量 Y，其数学期望是 $E(Y)=\eta$，其方差阵是 D_{YY}，则 n 维随机向量 Y 的任一二次型的数学期望是

$$E(Y^{\mathrm{T}}BY) = tr(BD_{YY}) + \eta^{\mathrm{T}}B\eta$$

式中：B 是任一 n 维对称可逆方阵.

现在用 V 代替 Y，P 代替 B，得

$$E(V^{\mathrm{T}}BV) = tr(PD_{VV}) + E^{\mathrm{T}}(V)PE(V)$$

因为

$$Q_{VV} = QA^{\mathrm{T}}(N_{aa}^{-1} - N_{aa}^{-1}BQ_{\hat{X}\hat{X}}B^{\mathrm{T}}N_{aa}^{-1})AQ$$

$$Q_{VV} = QA^{\mathrm{T}}N_{aa}^{-1}AQ - QA^{\mathrm{T}}N_{aa}^{-1}BQ_{\hat{X}\hat{X}}B^{\mathrm{T}}N_{aa}^{-1}AQ$$

所以

$$
\begin{aligned}
tr(PQ_{VV}) &= tr(PQA^{\mathrm{T}}N_{aa}^{-1}AQ - PQA^{\mathrm{T}}N_{aa}^{-1}BQ_{\hat{X}\hat{X}}B^{\mathrm{T}}N_{aa}^{-1}AQ) \\
&= tr(A^{\mathrm{T}}N_{aa}^{-1}AQ - A^{\mathrm{T}}N_{aa}^{-1}BQ_{\hat{X}\hat{X}}B^{\mathrm{T}}N_{aa}^{-1}AQ) \\
&= tr(AQA^{\mathrm{T}}N_{aa}^{-1} - AQA^{\mathrm{T}}N_{aa}^{-1}BQ_{\hat{X}\hat{X}}B^{\mathrm{T}}N_{aa}^{-1}) \\
&= tr(\underset{c\times c}{I}) - tr(BQ_{\hat{X}\hat{X}}B^{\mathrm{T}}N_{aa}^{-1}) \\
&= c - tr(Q_{\hat{X}\hat{X}}B^{\mathrm{T}}N_{aa}^{-1}B) \\
&= c - tr(Q_{\hat{X}\hat{X}}N_{bb})
\end{aligned}
$$

因为

$$\boldsymbol{Q}_{\hat{X}\hat{X}} = (\boldsymbol{N}_{bb}^{-1} - \boldsymbol{N}_{bb}^{-1}\boldsymbol{C}^{\mathrm{T}}\boldsymbol{N}_{cc}^{-1}\boldsymbol{C}\boldsymbol{N}_{bb}^{-1})$$

所以

$$\begin{aligned} tr(\boldsymbol{Q}_{\hat{X}\hat{X}}\boldsymbol{N}_{bb}) &= tr\left[(\boldsymbol{N}_{bb}^{-1} - \boldsymbol{N}_{bb}^{-1}\boldsymbol{C}^{\mathrm{T}}\boldsymbol{N}_{cc}^{-1}\boldsymbol{C}\boldsymbol{N}_{bb}^{-1})\boldsymbol{N}_{bb}\right] \\ &= tr(\underset{u\times u}{\boldsymbol{I}}) - tr(\boldsymbol{N}_{bb}^{-1}\boldsymbol{C}^{\mathrm{T}}\boldsymbol{N}_{cc}^{-1}\boldsymbol{C}) \\ &= u - tr(\boldsymbol{N}_{cc}^{-1}\boldsymbol{C}\boldsymbol{N}_{bb}^{-1}\boldsymbol{C}^{\mathrm{T}}) \\ &= u - tr(\boldsymbol{N}_{cc}^{-1}\boldsymbol{N}_{cc}) \\ &= u - tr(\underset{s\times s}{\boldsymbol{I}}) \\ &= u - s \end{aligned}$$

这样就有

$$tr(\boldsymbol{P}\boldsymbol{Q}_{VV}) = c - (u - s) = r$$

而 $E(\boldsymbol{V}) = 0$，故

$$tr(\boldsymbol{P}\boldsymbol{D}_{VV}) = \sigma_0^2 tr(\boldsymbol{P}\boldsymbol{Q}_{VV}) = \sigma_0^2\left[c - (u - s)\right] = r\sigma_0^2\text{，}\quad \sigma_0^2 = \frac{E(\boldsymbol{V}^{\mathrm{T}}\boldsymbol{P}\boldsymbol{V})}{r}$$

参考文献

[1] 武汉大学测绘学院测量平差学科组. 误差理论与测量平差基础[M]. 3 版. 武汉：武汉大学出版社，2014.

[2] 武汉大学测绘学院测量平差学科组. 误差理论与测量平差基础习题集[M].武汉：武汉大学出版社，2015.

[3] 刘大杰，陶本藻. 实用测量数据处理方法[M]. 北京：测绘出版社，2016.

[4] 邱卫宁，陶本藻，姚宜斌，等. 测量数据处理理论与方法[M]. 武汉：武汉大学出版社，2008.

[5] 隋立芬，宋力杰，柴洪洲. 误差理论与测量平差基础[M]. 北京：测绘出版社，2010.

[6] 陶本藻. 自由网平差与变形分析[M]. 武汉：武汉测绘科技大学出版社，2001.

[7] 朱建军，左廷英，宋迎春. 误差理论与测量平差基础[M]. 北京：测绘出版社，2013.

[8] 王勇智. 测量平差习题集[M]. 北京：中国电力出版社，2007.

[9] 崔希璋，於宗侍，陶本藻，等. 广义测量平差[M]. 武汉：武汉大学出版社，2009.

[10] 金日守，戴华阳. 误差理论与测量平差基础[M]. 北京：测绘出版社，2011.

[11] 隋立芬，宋力杰，柴洪洲. 误差理论与测量平差基础[M]. 北京：测绘出版社，2010.

[12] 於宗铸，于正林. 测量平差原理[M]. 武汉：武汉测绘科技大学出版社，2009.

[13] 袁孔铎. 误差理论与测量平差[M]. 北京：冶金工业出版社，1992.